高等院校设计学学科系列教材

人体工程学与环境设计

Human Engineering and Environment Design

朱 丹 著

中国电力出版社
CHINA ELECTRIC POWER PRESS

内 容 提 要

　　《人体工程学与环境设计》一书由教学经验丰富、长期从事一线教学工作的高校教师编写而成，其重点讲解与分析了人体工程学与环境设计、建筑设计等相关要素，并辅以众多实际案例进行说明。全书分为四章，分别为人体工程学基础、人与环境、设计心理学与环境设计、课题设计与科研实践。全书所含知识涉及广泛，讲解具有一定的深度。设计课题及作业范例部分包括课题目的、扩展知识点、具体要求和方法，具有很强的易操作性。本书的实用性强，适合作为各类大专院校环境艺术设计、室内设计、建筑设计、家具设计等相关专业的教材，同时也适合作为设计爱好者的自学教程。

图书在版编目（CIP）数据

人体工程学与环境设计／朱丹著 . —北京：中国
电力出版社，2023.8
高等院校设计学学科系列教材
ISBN 978-7-5198-7859-7

Ⅰ.①人… Ⅱ.①朱… Ⅲ.①工效学－关系－环境设
计－高等学校－教材 Ⅳ.① TB18 ② TU-856

中国国家版本馆 CIP 数据核字（2023）第 089252 号

出版发行：中国电力出版社
地　　　址：北京市东城区北京站西街 19 号（邮政编码 100005）
网　　　址：http://www.cepp.sgcc.com.cn
责任编辑：王　倩　（010-63412607）
责任校对：黄　蓓　马　宁
装帧设计：王红柳
责任印制：杨晓东

印　　刷：北京华联印刷有限公司印刷
版　　次：2023 年 8 月第一版
印　　次：2023 年 8 月北京第一次印刷
开　　本：889 毫米 ×1194 毫米　1/16
印　　张：10
字　　数：237 千字
定　　价：68.00 元

前言

　　人体工程学是一门新兴的学科，它是专门研究人、产品和环境三者的关系，以及在设计中如何强调科学性和艺术性，如何更好地为人服务的科学。环境设计则是对人类的生存空间进行的设计，协调"人—建筑—环境"的相互关系，使其和谐统一，形成完整、美好、舒适宜人的人类活动空间，这一直是环境设计的中心课题。因此研究两者间的关系具有重要的意义。

　　工业革命后，随着机器生产的范围日益扩大，人与造物的关系也越来越复杂，这使得心理学家、工程师、人类学家共同参与到设计中，系统地研究人在设计中的作用。到了20世纪60年代后，人体工程学才在许多领域得到广泛的应用。随着一些发达国家消费者对产品设计要求越来越高，人的因素逐渐成为评价设计好坏的重要标准之一，这在很大程度上推动了以人体工程学的理论和方法指导设计、制定人体工程学方面的设计规范，以此作为现代设计的参考。

　　如今，"以人为本"已经成为深入人心的设计法则，这个概念随着时代的进步一直处于发展与变化之中。早期的人体工程学主要着眼于人体物理尺度的研究，并把这些成果应用于产品设计中。随着时代的发展、科学的进步，人们逐渐开始关注人类心理和行为对设计的影响，并在环境设计、建筑设计方面加强了对此方面的探索，形成了环境心理学、建筑心理学、行为建筑学等一系列相关交叉学科。而这些学科的共同特点均是以"人"为研究主体，理解人类的活动、态度、价值观、人类的心理状态和生活方式与物理环境之间的关系，最终在环境设计与建造使用过程中反映这些关系。如今，在西方，一些建筑师转向社会调查研究，并探求心理学、人类学、行为学、美学和模拟智能等作为环境设计与建筑设计的新方法。第三代建筑师们则一直致力于"人、环境、建筑"这一课题的探讨，力求创造多样化、丰富而愉悦的人类环境，可以推测，以人和环境交互作用而发展起来的人体工程学的相关理论，将成为未来建筑设计的重要指导理论之一。

　　基于以上认识，本书以"人"为研究主体，首先系统地介绍人体工程学的基本知识，进而针对与包括建筑设计在内的环境设计的各个课题中与"人"相关的种种要素为研究重点，把环境心理学、行为建筑学、审美心理学等相关内容进行了整理，为相关专业的学生提高设计素养、进行环境设计提供有益的参考和帮助。

　　全书分为四个章：第一章介绍人体工程学的基本知识；第二章则重点研究人与环境相关的各个课题，其中梳理和汇总了环境心理学、行为建筑学的相关知识点；第三章简要介绍现代设计心理学对环境设计的影响；第四章循序渐进地列举了若干设计课题与学生作业的实例给读者参考，此部分内容包括课题目的、扩展知识点、具体要求和方法等，指导性和操作性强，大大提高了本书的实用价值。其中部分课题曾作为国家自然科学基金资助项目的成果，为研究提供了数据和理论的支持，这是将人体工程学的理论知识应用到环境设计实际研究中的一次很好的例证，同时也加强了本书的学术价值。

　　编写方法上，本书将理论知识与相应的建筑设计实例对比讲解，力求将抽象的纯理论在设计实例中得以印证，以简单、易懂的方式为读者所接受，书中大量的图片和视频链接使阅读更具趣味性，令理论书籍不再枯燥乏味，也对课程内容进行了有效的补充和说明。

　　最后，作为一门新兴学科，人体工程学与环境设计的内容还在飞速发展中，新的研究成果也将层出不穷，故本书内容也将随着这门学科的发展而不断完善。

目录

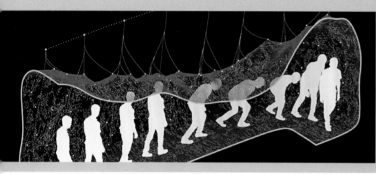

绪　论

人体工程学概论

人体工程学是近几十年发展起来的新兴综合性学科。过去人们研究探讨问题，经常会把人和物、人和环境割裂开来，孤立地对待，认为人就是人，物就是物，环境也就是环境，或者是单纯地以人去适应物和环境，并对人们提出要求。而现代设计日益重视人与物和环境间以人为主体的、具有科学依据的协调关系。因此，设计开始关注人的物理要求、生理要求以及心理要求的研究，并开始将研究结果运用到设计实践中。

一、人体工程学的由来与发展

人体工程学（Ergonomics）是20世纪40年代后期发展起来的一门技术学科。由于它是一门涉及面极为广泛的综合学科，故随着应用范围的不同，也被称为人机工程学、人类工程学（Human Engineering）、实验心理学、应用心理物理学（Applied Psychosis）、工程心理学、生物工艺学、人机控制学等。目前世界上普遍采用的称呼有人类工效学（Ergonomics）或人间工学（日本称）、人的因素（美国称）等。

"Ergonomics"一词原出于希腊文，"Ergo"即"工作、劳动"，"nomos"即"规律、效果"，"Ergonomics"即探讨人们劳动、工作效果、效能的规律性。这一词最早由波兰教育学家、科学家雅斯特莱鲍夫斯基于1857年提出，但直到20世纪中期人体工程学才真正开始被重视。

人体工程学起源于欧美，原先是在工业社会中开始大量生产和使用机械设施的情况下探求人与机械之间的协调关系，作为独立学科约有近70年的历史（以1961年国际人体工程学协会成立计算）。早在20世纪初，英国的泰罗为了寻求人们健康、安全、高效的工作，设计出一套研究工人操作的方法及操作制度，人称"泰罗制"，这是人体工程学的始祖。

第一次世界大战期间，由于生产任务紧张，工厂加班生产，造成了许多工作事故。因此英国成立了工业疲劳研究所，研究如何消除人的疲劳、提高工作效率的方法。当时人体工程学的研究范围还非常狭窄，应用也很有限。第二次世界大战期间，各国纷纷发展威力大、效能高的武器装备，但由于设计时没有考虑使用人员的生理及心理效能，从而导致操作失误频发。因此，生理学家、心理学家、工程师、人类学家开始聚集在一起共同研究军事科学技术，开始运用人体工程学的原理和方法解决武器设计方面的问题，例如在坦克、飞机的内舱设计中考虑如何使人在舱内有效地操作和战斗，并尽可能使人长时间地在小空间内减少疲劳，即处理好人—机—环境的协调关系。直到此时，人体工程学才开始逐渐受到重视，首先在英、美两国，继而许多欧洲国家也开始了对人类功效学的研究。至第二次世界大战后，各国把人体工程学的实践和研究成果迅速有效地运用到空间技术、工业生产、建筑及室内设计中，使人体工程学得到了全面的应用并飞速发展壮大起来。至1961年终于创建了国际人体工程学协会，并在斯德哥尔摩召开了第一次国际会议，有英国、美国、日本、澳大利亚及欧洲一些国家参加。1964年日本建立了日本人间工学会；德国早在20世纪40年代起即开始人类功效方面的研究；苏联在20世纪60年代开始研究工程心理学，并大力进行人类功效学标准化方面的研究。我国1989年成立了中国人类功效学学会，作为与国际人类功效学相应的国家一级学术组织，起步较晚，目前仍处于发展阶段。

时至今日，社会发展向后工业社会、信息社会过渡，重视"以人为本""为人服务"。

人体工程学强调从人的自身出发，在以人为主体的前提下研究人们的衣、食、住、行以及一切生活、生产活动，从而综合分析、产生新的设计思路。故人体工程学必将受到越来越多的重视，而它与设计活动间的关系也必将越来越密切。

二、人体工程学的研究内容

人体工程学是一门边缘性学科，主要由六门分支学科组成：人体测量学、生物力学、劳动生理学、环境生理学、工程心理学及时间与工作研究，因此，人体工程学的研究范围也比较广泛。早期人体工程学主要研究人和工程机械的关系，即人机关系，主要包括人体的结构尺寸和功能尺寸、操纵装置、控制盘的显示设计，涉及生理学、人体解剖学和人体测量学等。随着人们对人体工程学的重视，人和环境的关系研究也包括进来，这又涉及人的行为学、环境心理学等。至今，人体工程学的研究内容仍在发展，故研究范围还在不断发展之中。但概括地说，人体工程学主要有四个研究方面：第一，生理学，主要研究人的感觉系统、血液循环系统、人体运动系统等基本知识；第二，心理学，主要研究感觉、知觉、注意、向光性等概念；第三，环境心理学，主要研究人和环境的交互作用、环境行为特征和规律、环境心理等知识；第四，人体测量学，主要研究人体特征、人体结构尺寸、人体功能尺寸及它们在设计中的应用。

本书主要着眼于人体工程学的基础理论及它在环境设计中的应用，重点研究环境设计中人的因素（生理因素及心理因素），对环境设计的影响，阐述人与环境的交互作用，并结合了环境行为学、环境心理学、设计心理学、实验心理学的相关内容，旨在为建筑设计、室内设计、景观设计、城市规划等环境设计项目提供理论依据和方法。

三、人体工程学的概念

随着自身研究范围的不断扩大，人体工程学的概念一直处于发展变化之中。下面是关于人体工程学概念的几种说法。

美国人体工程学专家伍德提出：设备的设计必须适合人的各方面因素，以便在操作上付出最少能耗而获得最高效率。

美国学者科多默认为：人体工程学是为适当地设计人的生活和工作环境而研究的人的特性和"工作的宜人化"。

我国科学家钱学森在《系统科学思维科学与人体科学》一书中提到：人体工程学是一门非常重要的应用科学，它专门研究人和机器的配合，考虑人的功能及能力，来设计机器，求得人在使用机器时达到最佳状态。

日本千叶大学小原教授认为：人体工程学是探知人体的工作能力及其极限，从而使人们所从事的工作趋向适应人体解剖学、生理学、心理学的各种特征。

现阶段普遍采用的相对全面的概念来自国际工效学会所下的定义，即人体工程学是一门"研究人在某种工作环境中的解剖学、生理学和心理学等方面的各种因素；研究人和机器及环境系统中交互作用的各组成部分（效率、健康、安全、舒适等）；研究在工作中、家庭生活中和休假时如何达到最优化的科学"。

四、人体工程学的应用

人体工程学的应用面相当广泛。可以说，凡是人迹所至，就会应用到人体工程学。目前，人体工程学主要应用在以下几个方面。

（一）产品设计

人体工程学在产品设计方面的应用可谓相当广泛。早在石器时代，当原始人挑选合适的石头，并将之打磨成合适手握的形态之时，可以说，人体工程学已经在人类造物活动中得以应用。

到了如今物质产品无比丰富的时代，当我们环顾四周时便会发现身边的每一个产品都注入了设计师对人的关注。例如，我们的衣服轻便合身，既通风又保暖，这种舒适性来自设计师对于人体尺度及人体体表温度的把握；我们每日使用的牙刷，不仅款式多样，还充分考虑到了不同使用者的不同把握方式（图0-1）；喝盒装酸奶的小勺子被设计成90°的尖头状，这是为了更方便地取到奶盒底部的剩余酸奶（图0-2）。有时，对使用者的使用方式及使用心理的关注还会成为产品设计的亮点。例如，可防水的药袋设计，它可以使患者免除寻找水杯吃药的环节，包装药袋直接可以当成临时性的水杯使用，非常方便（图0-3）；又如，设计师考虑到雨天的夜晚，无论是行人还是驾驶员都会有视觉不佳的状况出现，因而设计出可以发光的伞。这样一来，既为行人提供了方便的照明设备，又给车主以醒目的警示标志，可有效减少雨天车祸发生的几率（图0-4）。

（二）家具设计

家具是可以提供人们倚靠、储藏、躺卧等活动的设施，因而家具设计无论在尺度方

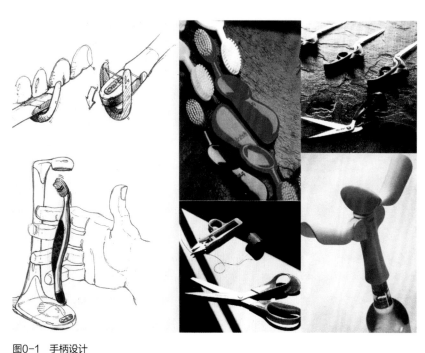

图0-1　手柄设计

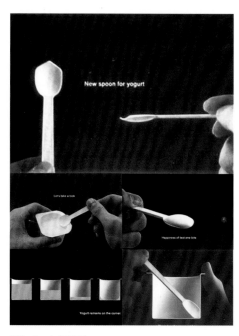

图0-2　勺子设计

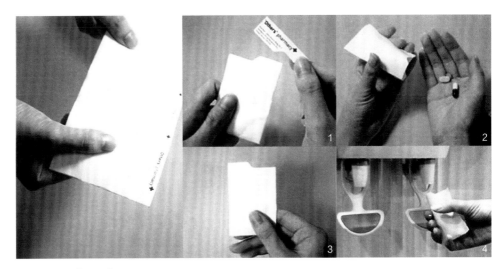

图0-3　防水药袋设计

图0-4　发光的伞

面还是造型功能方面无不与人的行为方式和人体尺度密切相关。一件合理的家具不仅要在尺度上与人体的动态与静态尺度相吻合，而且要满足人们各种作息习惯的需要，并通过家具的外观、色彩、质感等因素来满足人们的各种审美需求。例如，挪威设计师经过研究发现，人体在工作时如果重心向前，并使重量集中在膝部，既可以提高工作效率，又可以减轻臀部与腰部的疲劳感，据此，设计出"双重平衡"椅，使人们在工作或是休憩时都能获得舒适感（图0-5）。又如，设计师根据人体的背部曲线变化来设计椅子的支撑面，从而获得更合理的体压，这是保证人体获得舒适感的常用方法（图0-6～图0-9）。

图0-5 家具设计——双重平衡

图0-6 根据办公室工作人员休息时的具体行为需求而设计的家具

图0-7 弹簧使人体体压获得均匀的分布，增加了舒适感

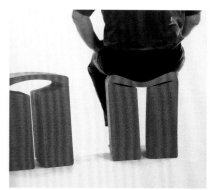

图0-8 坐凳设计

图0-9 日本设计师的家具设计——"管"，其中虚空间的造型充分考虑到人体在不同休息方式下的需求

（三）环境设计

环境设计的概念具有广义和狭义之分，本书中，环境设计主要指以人工环境的主体建筑为背景，在其内外空间所展开的设计，具体包括建筑设计、室内设计、景观设计、城市环境设计等。在这些项目中，人作为环境的使用者、体验者具有非常重要的研究价值。

如建筑是一个包容人们活动的场所，要使建筑更好地为人所用，就必须了解人们的行为方式与心理需求。具体到台阶设计成何种高度才能使使用者觉得不吃力，扶手的高度、门的尺度及建筑的内空间大小都与人体的尺度密切相关；建筑的朝向、室内光环境又与人的生理特点相关；建筑物的形态、色彩、质感等方面的设计必须要考虑人的心理需求。近年来，建筑设计已越来越关注人们对于建筑环境的知觉感受。而正在兴起的数字建筑设计中，有的学者将建筑定义为场所，指的就是将特定地点、特定人群与特定的建筑联系起来，强调三者间的相互积极作用。所谓特定人群指建筑使用者以及建筑周边与建筑有关的人，这些人的活动及其行为会对建筑产生一定的影响。有的也将人的行为活动流线、活动需求或心理活动规律作为编码程序的依据，设计出合理化的建筑形式。例如在莫弗西斯（Morphosis）建筑师事务所设计的法尔（Phare）塔的设计中，设计师充分考虑到人们对于光线的要求，设计出复杂结构的表皮，建筑表皮可以随着光线角度的变化而改变透明度，有效地减少了夏季眩光，同时又使室内保持了开阔的视野和自然采光（图0-10）。

总之，与人有关的事物都会涉及人体工程学的应用。随着人体工程学研究的不断深入，它将与更多的相关学科相结合，从而出现诸如人机工程学、建筑行为学、医学工效学、人际关系学、犯罪心理学、营销心理学、生产安全工效学等一系列相关学科。可以预见，在不久的将来，人体工程学的应用范围会更加广。

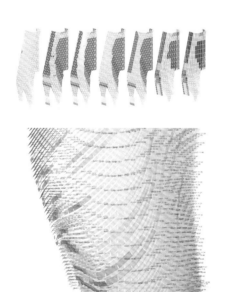

图0-10 法尔（Phare）塔

第一章

人体工程学基础

第一章

人体工程学基础

第一节

人体生理学基础

一、人体感觉系统

人类要认识世界、改造环境，其前提条件是必须先要能够感知到身边的事物。而这离不开人的感觉系统，由此人可以感受世界，实现人与环境的互动。人的感觉系统由神经系统和感觉器官组成。环境所提供的刺激直接作用于人的眼、耳、口、鼻、皮肤等感觉器官，产生各种刺激，再由神经系统将这些刺激传送至大脑，经过大脑分析后产生种种复杂的心理。

（一）神经系统

现代科学研究表明，我们所有的思想、活动、知觉都源于神经系统的电学化过程，可以说神经系统是人体生命活动的调节中枢。

神经系统的组织单元和功能单元是神经元（图1-1），神经元之间的联系是通过电和化学媒介实现的。根据身体的结构和神经系统的功能，神经系统可以分为中枢神经系统和周围神经系统（图1-2）。前者包括脑、脑干和脊髓；后者由躯干神经系统和自律神经系统组成。中枢神经系统包括感觉神经系统和运动神经系统，与感受器和运动器相连；周围神经系统分为交感神经系统和副交感系统，与内脏器官连接（图1-3）。

人对外界的刺激能做出相应的反应，这种现象被称为应激性。它是通过反射在一系列的基本神经单位即神经元所形成的反射弧中完成的。当刺激被感受器所接受，传入神经元和中枢神经元，刺激信号就变为指令信号，通过传出神经元到达效应器官而发生作用。

一般的反射活动是在脊椎上完成的，大脑皮层产生高级反射，有意识和思维的功能。中枢神经系统包括脑和脊髓，是神经系统的高级部分，其中脑又分为大脑、小脑、间脑和脑干四个部分。大脑分为左右两个半球，依靠胼体相连，半球上布满了沟回，表面一层称大脑皮层。大脑皮层是一个极为复杂的组织，是细胞最为密集的地方，平均厚度1.5～4.5mm，皮层下面的髓质由传递各种信息的神经纤维所组成。皮层的各个区域管理不同的功能，被分为各个小区：视觉小区、听觉小区、嗅觉小区、语言区、躯体感受区和躯体运动区等（图1-4）。

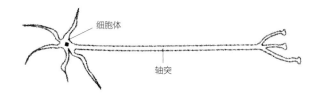
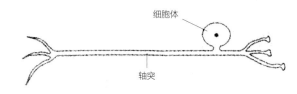

图1-1　神经元

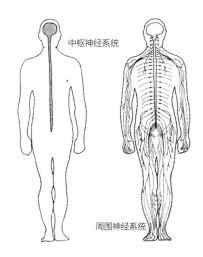

图1-2 中枢神经系统和周围神经系统

中枢神经系统

周围神经系统

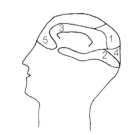

脑的各中枢的相对位置
1—顶叶：躯体感受区；2—颞叶：听觉小区；
3—边缘系统：味觉小区嗅觉小区；4—枕叶：
视觉小区；5—额叶：高级心理中枢：语言区

图1-4 人的大脑分区

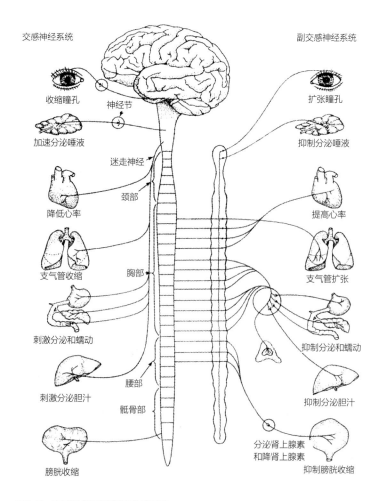

交感神经系统　　　　　　　　　　　副交感神经系统

收缩瞳孔　　神经节　　　　　　　扩张瞳孔

加速分泌唾液　　　　　　　　　　抑制分泌唾液

　　　　　　　迷走神经

　　　　　　　颈部

降低心率　　　　　　　　　　　　提高心率

支气管收缩　　胸部　　　　　　　支气管扩张

刺激分泌和蠕动　　　　　　　　　抑制分泌和蠕动

　　　　　　　腰部

刺激分泌胆汁　骶骨部　　　　　　抑制分泌胆汁

　　　　　　　　　　　　　　　　分泌肾上腺素
　　　　　　　　　　　　　　　　和降肾上腺素

膀胱收缩　　　　　　　　　　　　抑制膀胱收缩

图1-3 交感神经系统和副交感系统

　　　一般来说，大脑对人体的管理是一个倒置关系，即左半大脑控制右半身的运动，右半大脑控制左半身运动；大脑上部控制人的下半身运动，下半个大脑控制上半身运动。大脑的左半球偏重语言功能，侧重逻辑、分析和抽象的概念；右半球偏重非语言的、综合的、整体的、空间的和形象的思维。"即左脑更擅长线性思考和顺序推理，右脑擅长拓展性、发散性的创造"。

　　　周围神经系统是由脑干发出的12对脑神经和脊髓发出的31对脊神经组成，它们广泛分布于身体各处，可感受体内外的各种变化。我们将管理内脏活动的周围神经称为植物神经。根据功能植物神经又分为交感神经、副交感神经两种，它们能调整内脏平滑肌收缩，使体内外保持平衡，提高人体适应自然的能力。

（二）视觉生理基础

　　　视觉器官是眼睛，它是人体最精密、最灵敏的感觉器官。我们接收到的外界信息80%是由眼睛来感知的。眼睛的构造包括眼球、眼眶、结膜、外眼肌等组成部分。眼球直径约25mm，重为7g左右。眼球的前面是透明的角膜，其余部分由粗糙而多纤维的巩膜包住，借此保护眼睛不受损伤并维持其形状不变（图1-5）。中间层是黑色物质的脉络

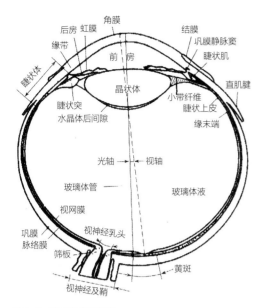

图1-5 眼球的生理结构

膜，富有血管。视网膜是薄而纤细的内膜，它由光感受器和一种精致而互相连接的神经组成网络。

眼睛的工作原理类似于一架照相机。来自视野的光线由眼睛聚焦，从而在眼睛后面的视网膜上形成一个非常准确的倒像。这种光学效应绝大部分来自角膜的曲度，但是，借助改变晶状体的形状，眼睛还能对远处和近处物体的焦点作细致的调整。在水晶体的两侧是被称为前房和后房的空间，里面充满着透明物质。虹膜是色素沉着的结构，它的中心开口就是瞳孔，它能以类似照相机改变光圈的方式缩小或扩大。

外界物体发出或反射的光线，通过眼睛的角膜、瞳孔进入眼球，穿过如放大镜般的晶状体，使光线聚集在眼底的视网膜上，形成物体的像。图像刺激视网膜上的感光细胞，产生视觉冲动，沿着视觉神经传到大脑的视觉中枢，在此进行信息的分析和整理，产生具有大小、形态、明暗、色彩和运动的视觉。

（三）听觉的生理基础

听觉器官是耳朵，它包括外耳、中耳、内耳三部分（图1-6）。其中，外耳由耳廓和外耳道组成。耳廓能收集声波，外耳道是声音传入中耳的通道。中耳包括鼓膜、鼓室和听小骨几个部分。鼓膜位于外耳道的末端，是一片椭圆形的薄膜，厚度只有0.1mm。当外部声音传入时就会产生振动，将声音变成多种振动的"密码"传向后面的鼓室。鼓室是一个能将声音变得柔和的小腔，腔内有3块听小骨，即锤骨、镫骨和砧骨，听小骨能把鼓膜的振动波传到内耳，在传导的过程中声音信号被放大十多倍，使人们可以听到轻微的声音。鼓室下部有一咽鼓管，通到鼻咽部，当吞咽或打哈欠时管口被打开，使鼓膜两侧保持气压的平衡。

图1-6 耳的生理结构

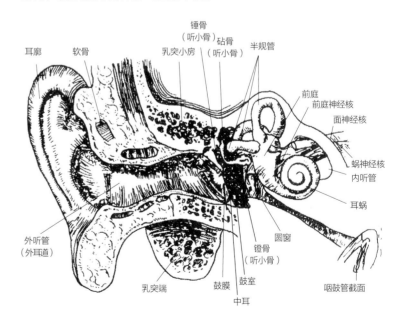

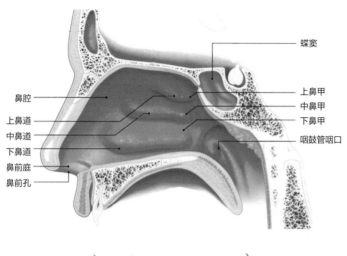

鼻腔
上鼻道
中鼻道
下鼻道
鼻前庭
鼻前孔

蝶窦
上鼻甲
中鼻甲
下鼻甲
咽鼓管咽口

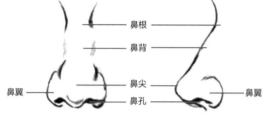

鼻根
鼻背
鼻尖
鼻翼
鼻孔
鼻翼

图1-7　鼻子的生理结构

内耳由耳蜗、前庭、半规管组成，结构复杂而精细。由于管道弯曲盘旋，又可以称为"迷路"。其中，耳蜗主管听觉，前庭和半规管则掌握平衡与位置。耳蜗是一条盘成蜗状的螺旋管道，内部有"基底膜"。基底膜上有2.4万根听觉神经纤维，其上附着许多听觉细胞。当声音的振动波由听小骨传入耳蜗后，基底膜便把这种机械振动传给听觉细胞，产生神经冲动，再由听觉细胞把这种冲动传到大脑皮层的听觉中枢，形成听觉，人们就能听见来自外界的各种声音。

（四）嗅觉的生理基础

鼻子是人体的嗅觉器官，依靠嗅觉可以辨别出各种气味，也能觉察到空气中的粉尘及有害气体。

人的鼻子由外鼻、鼻腔与副鼻窦组成。鼻子由骨和软骨做支架。外鼻的上端为鼻根，中部称为鼻背，下端为鼻尖，两侧扩大为鼻翼。其中，鼻腔被鼻中分割成为左右两半，内衬黏膜。由鼻翼围成的鼻腔部分为鼻前庭，生有鼻毛，可以阻挡灰尘吸入。在鼻腔外侧壁上有上、中、下三个鼻甲，鼻甲使鼻腔黏膜与空气接触面增加（图1-7）。在上鼻甲以上和鼻中隔上部的嗅黏膜内有嗅细胞，嗅细胞的一端有一条纤毛状的突起，另一端则是一条神经纤维。嗅神经细胞发出的神经纤维逐渐聚集，变成嗅神经，通过鼻腔顶部的筛骨后，组成嗅球与大脑的嗅觉中枢直接联系。人的鼻子一般能辨别出200种不同的气味，但鼻子闻一种气味时间过长，由于嗅觉中枢的疲劳，反而会感觉不到原来的气味，这种现象我们称为嗅觉疲劳。

（五）肤觉的生理基础

皮肤是人体面积最大的结构之一，具有各种机能和较高的再生能力，它是人体重要的肤觉和触觉器官。

皮肤由表皮、真皮及皮下组织等三个主要的层和皮肤衍生物如汗腺、毛发、指甲等组成（图1-8）。

皮肤具有散热和保温的作用，并具有呼吸功能。当外界温度升高时，皮肤的血管就扩张、充血，血液所携带的体热就会通过皮肤向外界发

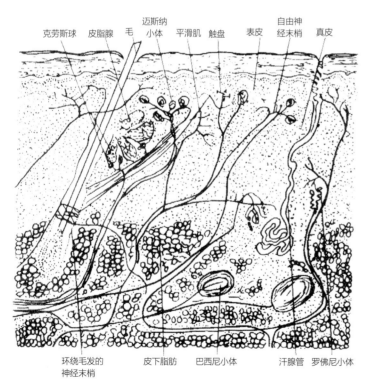

克劳斯球　皮脂腺　毛　迈斯纳小体　平滑肌　触盘　表皮　自由神经末梢　真皮

环绕毛发的神经末梢　皮下脂肪　巴西尼小体　汗腺管　罗佛尼小体

图1-8　皮肤的生理结构

散。同时，汗腺也会大量分泌汗液，通过排汗带走体内过多的热量。反之，当外界环境寒冷时，皮肤的血管就会收缩，血量减少，皮肤温度降低，散热减慢，从而使体温保持恒定。

皮肤也具有人体防卫功能，它使人体表面有了一层具有弹性的脂肪组织，缓冲人体受到的碰撞，可防止内脏和骨骼受到外界的直接侵害。

皮肤内还有丰富的神经末梢，它是人体最大的一个感觉器官，对人的情绪发展也具有重要作用。皮肤广泛分布的神经末梢是自由神经末梢，构成真皮神经网络，形成位于真皮中的感受器，可产生触觉、温、冷、痛等各种感觉。

除自由神经外，在皮肤中还存在着特殊结构的神经终端。如克劳斯末梢球长期被视为冷感受器。罗佛尼小体曾被视为热感受器。迈斯纳小体被视为机械感受器，巴西尼小体是最发达的皮肤感受器，它是振动信号的重要感受器。

对于皮肤的结构和功能，还存在着许多不同的看法。人体的皮肤，除面部和额部受三叉神经的支配外，其余受31对脊神经的支配，构成完整的神经通路，传达皮肤的各种感觉。

人体感觉系统的各感官均有明确的生理功能，然而在接受外部环境刺激的同时，又具有复杂的生理机制。通过神经共同参与认识外部事物，这也是心理活动的生理基础。

二、血液循环系统

人体的血液在全身始终沿着一定的管道按照一定的方向流动着。人体的血液循环系统由心脏和血管组成，整个血液循环系统可以分成以下三个部分。

大循环：左心室内含有大量氧气的血液，经过主动脉、中动脉、小动脉，不断分支流到全身的毛细血管中，将氧气和养料供给全身各个组织，回收二氧化碳和废物，然后又经过各级静脉返回右心房和右心室。这种经过全身的循环叫"体循环"，也称"大循环"。大循环一般需要20～25s的时间。

小循环：返回右心室的充满二氧化碳的血液从这里出发，经过肺动脉在肺部的毛细血管里放出二氧化碳，吸收新鲜氧气，然后通过肺静脉返回左心房和左心室。这种循环叫"肺循环"，又叫"小循环"。小循环需要4～5s的时间。

微循环：血液在毛细血管里的流动循环叫"微循环"。因为毛细血管是完成任务的所在地，所以又叫"末梢循环"。人体内的毛细血管有1000亿～1600亿根，它对人体健康有着极为重要的作用。

血液循环系统将作为各种信号分子的激素运送到全身各处。各种细胞从血液中接到不同的信号，使全身活动配合成一个完整的整体。因此血液循环不仅是人体生命的"运输线"，也是生命活动的"通信网"。

我们使用的家具如果尺度不合理，则会影响人体血液循环，造成身体局部麻痹。

血液循环是抗重力循环，人的头和脚是散热器，如果地面的材料蓄热系数低，如水泥或石头地面，我们就容易觉得冷。反之，如果采用毛毯、实木这种蓄热系数高的材料，我们则不易有冷感。同时，我们在设置空调系统时也应考虑到人体血液循环的特点，以保障人体健康。

三、人体运动系统和人体力学

人体运动系统的生理特点与人的姿势、人体的功能尺寸和人体活动的空间尺度相关，从而影响家具、设备、操作装置和支撑物的设计。

（一）运动系统

人体运动系统由骨骼、关节、肌肉组成。

骨骼是人体的支架。人体共有206块骨头，占人体重量的60%，它们一块一块地连接在一起组成了骨骼，支撑着人体，决定了身体的基本形。人体骨头按形状可分为长骨、短骨和扁骨。骨骼连接的方式有两种：一种是通过韧带和软骨的连接方式，其活动性很小，或不能活动；另一种通过关节来连接，连接处运动灵活。人的骨骼分为中轴骨和四肢骨两个部分。中轴骨包括头颅骨、脊柱、胸骨和肋骨，是人体的支架，保护着重要的脏器和中枢神经系统；四肢骨是人体的运动系统的主要部分，肌肉附着在四肢骨上，根据大脑指令进行收缩，牵动骨骼完成运动功能。

关节是人体杠杆的重要连接方式和连接结构。关节的主要结构包括关节面、关节囊、关节腔三个部分。在关节内外还有一些韧带帮助维持关节的稳定性和防止关节的异常活动。不同部位关节的功能不同，结构也不同。如提拉重物时，肘关节向内活动；为使腿后蹬有力，膝关节只能向后屈。

肌肉是人体运动系统的动力。人的全身有639块肌肉，占体重的40%。肌肉分为骨骼肌、平滑肌和心肌三类。骨骼肌有两种作用：一种是静力作用，如维持站立，保持静平衡；另一种是重力作用，肌肉收缩产生各种动作，如哭、笑、走、跑等。

骨骼、关节和肌肉的共同作用完成人体活动的各种动作。如果室内局部设计不合理或不符合人体运动的科学规律，就会对人体造成伤害。

（二）人体力学

1. 人体骨骼力学模型

人体运动系统的各组成部分造就了人的空间形态，同时也维持了人的内力和重力平衡。它类似于一个"钢筋混凝土结构"，其中，骨骼相当于"钢筋"，肌肉相当于"混凝土"。它们共同作用，不仅支撑了人体的各个器官，还承担着外来的负荷。而各种力的传递就是通过关节或韧带来实现的。人的重力最终主要传导至足上，而人的下肢骨骼结构则巧妙地适应了这个特点，足弓像三脚架一样支撑着整个身体，将重力传导至三个点上，极为合理。足弓还可以缓冲行走对人体产生的振荡和冲击，保护人体。

2. 人体姿势

人的静态姿势主要有立姿、坐姿、蹲姿、跪姿、卧姿等几种形式，这几种姿态几乎可以维持一个相对固定的空间结构。唯有弯姿，由于人的活动功能不同，弯姿不能定型，故空间尺寸也不相同（图1-9、图1-10）。

3. 力的传递

姿势不同时，力的传导路线是不一样的。一般来说，重力主要通过头、颈、胸、腰、骨盆、大腿、小腿、足这个路线向下传递，最后传递到支撑面上。

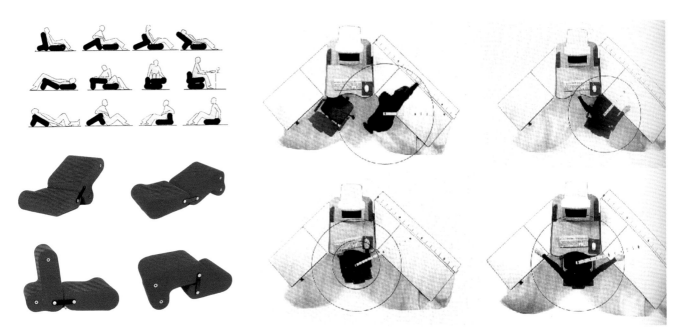

图1-9　根据人体姿势设计的家具　　　　图1-10　人体的结构决定了运动的方式和运动的尺度

　　各支撑面的压力线分布不同，压力大小是有区别的。所以在支撑面设计时应力求使压力分布均匀（如椅子的坐面设计、床垫设计等），这样可变"集中荷载"为"均匀荷载"，从而满足人体舒适性的要求。

　　4．运动和疲劳

　　由运动引起的疲劳需消耗人大量的体能。人的运动是靠肌肉收缩实现的，收缩需要耗费人的肌力。连续活动达到一定限度时就会引起人的疲劳，这是一种复杂的生理和心理现象。

　　疲劳的主要特征有：疲劳通过肌体的活动产生，通过肌体的休息可以减轻或消失；人体的耐疲劳能力可以通过疲劳和恢复的重复交替而得到提高；人体消耗越多，疲劳的产生和发展越快；疲劳程度有一定的限度，超过限度就会损伤人的肌体。

　　目前测量人体疲劳的方法有三种：一是通过心电图测量心率的恢复期，研究疲劳的程度；二是通过肌电图，测量肌肉的消耗，确定疲劳的程度；三是通过能耗的测量，确定疲劳程度。

人体心理学基础

心理学是研究人的心理现象及其活动规律的科学。心理现象包括感觉、知觉、注意、记忆、思维、意志、性格、意识倾向等。研究这些心理现象的特征及它们对人的设计行为产生的影响成为构成人体工程学基础的重要内容。

一、心理现象的生理基础

心理学有三个基本的生物学基础：因果、基因和进化。

"因果"是指生理是因，心理是果。研究表明，生理现象与心理现象有直接的关系。研究人的身体与行为的关系形成了"生理心理学"，其基本意图是把行为和行为发生的前后生理变化联系起来，并采用先进的仪器通过测量呼吸、血压等生理变化来联系人的行为，如测谎仪就是这种心理研究设备。

基因是指人的生命体中带有原始基因物质，携带了相同的遗传信息。心理学关心的是我们的行为是取决于先天基因还是后天环境。设计艺术中保持着对人性和生命的原始归依，基因决定了"先天"的获得，"后天"学习的能力部分由基因决定。

进化理论认为复杂生命的形式都是由简单的生命形式进化而来的。受到进化偏爱的基因被遗传下来。

二、心理与行为

人的心理往往是客观世界在人脑中的主观能动的反映，客观现实影响着我们的所思所想，进而影响到每个人的具体行为。其中，我们将源于客观现实的内部活动称为心理，将由此引发的外部活动称之为行为。所以，行为是心理的外在表现，心理是产生行为的内部基础。

人的心理活动具有复杂性的特点。随着时间、空间的变化，人们的心理也随之发生改变；而每个人由于性别、年龄、职业、文化背景、爱好。修养各不相同，其心理活动也是千差万别的。心理学研究在不断深化，心理学应用也在不断扩大。运用自然科学的研究方法，研究人的心理活动，建立"实验心理学"，这是各门应用心理学的基础；研究人和环境的关系，建立"环境心理学"；研究人的行为和意识与艺术设计领域的关系，建立"设计心理学"等，这些都是"应用心理学"。

人的心理活动通常分为三种类型：①认识活动，指感觉、知觉、注意、记忆、思维、想象等心理活动；②情绪活动，如喜、怒、哀、乐等心理活动；③意志活动，建立在认识活动与情绪活动基础上的行为、动作、反应的活动。

三、感觉与知觉

（一）感觉

1. 感觉的概念

感觉是人脑对于事物个别特征的反映，是最为简单的心理现象。它是一切心理活动的基础，引导我们去认识世界。

2. 感受性和感受域

感受性是人们能够反映事物个别特征的能力。感受性分为两种，一是绝对感受性，一是差别感受性。前者是我们的分析器能够感受相关事物极其微弱刺激而产生的感受能力，后者则是分析器能够分析出相关刺激之间微小差别的能力。

3. 感受域

感受域是足以被人的感受器官感受，能引起我们感觉动因的刺激所达到的限度，例如，距离1km以外，光亮值小于1/1000烛光就不能引起我们的光感。

4. 感觉的特征

第一，感觉适应性。由某种感觉器官不断地受到同一种刺激物的刺激而产生。例如，从暗处进入亮处，或者从亮处进入暗处，人都会有极短的时间感觉什么也看不见，一会儿后又恢复了视觉的现象，这被称为光适应。在建筑物或隧道入口设计时都应充分考虑光适应的要求。

第二，感觉疲劳。当同一种刺激时间过长，由于生理原因，感觉适应就会转变为感觉疲劳，如"熟视无睹"的现象等。感觉疲劳具有周期性，一种刺激被抑制时，另一种刺激则亢进，交替作用造成对环境的适应。设计师如果能够认识其周期性的变化，把握其规律，则可以超前设计。

第三，感觉对比。当感受器同时接受不同刺激物的刺激时就会产生比较。例如，在高层的旁边有低矮的建筑，则会让人感到高楼更高而低层更低的情况。又如，在建筑师赖特设计的建筑中，经常需要穿过一条低矮的走廊进入大厅，让人产生豁然开朗的感觉，使大厅显得更为宽阔。

第四，感觉补偿。当某种感觉丧失后，其他感觉在一定程度上进行补偿。例如，盲人的听觉和触觉高于常人，聋人视觉很敏锐等，这些为残疾人的无障碍设计提供了理论依据。

（二）知觉

1. 知觉概念

知觉是人脑对于具有统一特征的对象或现象所发生的反映，如苹果是形、色、质、味的统一体。知觉也是人们对于外部世界较为深入的反映。

2. 知觉的特征

第一，知觉的选择性。人们总是选择少数物体作为知觉的对象，而对其他事物反映较为模糊。例如，人们对高层建筑的顶部比较注意，而对多层建筑则比较注意出入口；在室内比较注意室内装潢和陈设，一般不会注意顶棚。

第二，知觉的整体性。我们对物体的知觉都不是对象的个别特征，而是一个总体的效果。

第三，知觉的理解性。人们在知觉物体的过程中往往是根据以往的经验来理解事物。例如，一个从没有见过或吃过苹果的人就无法知觉出苹果。

第四，知觉的恒常性。人们对事物的知觉过程中，掺杂着理解，当知觉的条件改变时，人们却不一定会因此而改变知觉的效果。例如，一个圆形的物体，正面观察时呈现出圆形，换一个角度观察时，又变成了椭圆形，但凭我们的经验，我们仍然知觉这是一个圆形。

综上所述，感觉是人们对事物个别特征的认识，是一个"自下而上"的过程；知觉是人们对于事物各属性间的关系的认识，包含了大脑对信息的加工，是一个"自上而下"的过程。"观看"作为感知过程中最常探讨的问题，在于知觉是积极主动地去加工信息，只看你想看的。

对于心理学家而言，感觉是呈现于感觉器官的，是未经精细加工的信息；而知觉是有组织的，是对感觉信息的整合并赋予感觉意义。每时每刻，外界数以万计的事物呈现于我们的感觉器官，但进入我们经验的信息是"简单而明确"的，并不需要通过外界努力思考来理解我们的所见所闻，这是由于知觉组织和注意使我们的经验清晰可靠。

四、注意与记忆

（一）注意

人的各种心理活动均有一定的指向性和集中性，心理学上称为"注意"。当一个人对某物发生注意时，他的大脑两个半球内相关部分就会形成最优越兴奋的中心。同时这种兴奋中心会对其他部分发生负诱导作用，从而对这种事物具有高度的意识性。

注意分为无意注意和有意注意两种类型。无意注意是指没有预定目的的，不需要做意志努力的注意，它是由于周围环境变化而引起的。而有意注意是指需要人自身努力而引起的集中，它具有一定目的性，需要一定的意志努力。

注意的广度指人在同一时间内能清楚注意到的对象的数量。注意力是有限的，被注意的事物也有一定范围，经研究证明，人们的瞬间注意的广度一般为7个单位，数字可以注意到6个，如果是黑色圆点可以注意到8~9个，这就是注意的极限。

在多数情况下，如果受注意的事物特征明显，与周围事物反差大，或本身的面积或体积较大、形状显著、色彩明亮艳丽，则容易引起别人的注意。因此为了引起人们的注意，常用的方法是加强环境刺激量，例如，加强环境刺激的强度，采用强光、巨响、艳色等刺激；又如，加强环境刺激的变化性，闪烁的灯光、节奏变化的音乐都是常用的变化性刺激；再如，采用标新立异的形象刺激。

注意意味着将心理努力集中于某一刺激而排除其他无关刺激的能力。而注意转移即从一个刺激转向另一个刺激，并非由刺激单独决定，人的认识或意识参与决定转移的时机和方向。注意除了可以转移之外还可以分配，即分成许多部分。注意的本质在于它具有选择性。一切注意都是以不注意为前提的，艺术家们却往往能从不注意中发现意义。

（二）记忆

记忆是过去经验在人头脑中的反映，是人脑对外界刺激的信息储存。按照信息保持的时间长短，人们把记忆分成瞬间记忆、短时记忆和长时记忆三种。瞬间记忆是指在0.25s时间内的记忆；短时记忆是指在1min时间以内的记忆；长时记忆是指1min以上，甚至终身的记忆。

记忆通常是从识记开始的。记忆是大脑获得知识经验并巩固这个经验的过程。在这个过程中往往还伴随着遗忘。

经过识记储存在大脑中的信息一旦被提取，就形成了回忆和再认。回忆是经历过的事物不在眼前时大脑提取的有关信息；再认则是经历过的事物再次出现在眼前能够对之识别。

在识记外界事物后，把它们储藏起来就是保持的过程。在保持过程中，记忆材料会发生一定的变化，这就是遗忘。

对于设计师来说，记忆是非常重要的，因为设计多来源于生活，如果对周围的事物能够加深记忆，并融会贯通，便会产生更多的灵感。

柯布西耶拥有令人眼花缭乱的工作成果，其中蕴含着丰富的思想内容。人们惊讶于柯布西耶的开拓与创新能力。众所周知，这与柯布西耶的生活习惯是密切相关的。他永远是个旅行者，并习惯于携带写生本。他总是留心观察着四周，并迅速记录下注意到的东西。显然将注意的东西画下来，反复观看，可增加记识过程，使之成为设计师精神体验的一部分，这为他非凡的创造力打下了基础（图1-11）。

图1-11　柯布西耶的旅行记录图片

（三）模式识别

所谓模式就是若干元素或刺激按一定的关系形成某种刺激结构，或者刺激的组合结构。感知系统的目标之一就是识别并对新奇刺激归类并记忆。人们可以轻易地辨认出千年前洞穴画中的牛和马，而计算机却做不到，这似乎是一个自动的过程，基本上无需意识的干预。为了解释模式识别，心理学提出了以下几个理论：①模板匹配理论。该理论认为，为了识别一个模式，只要将其与记忆中所储存的编码进行比较，当刺激与模式间达到匹配最佳时，刺激就被识别。②特征检测理论。有人认为模式识别是从特征分析开始的。模式的各个特征得到确认，进而模式的各部分关系再得到确认，这种特征和关系的确认是模式的物理特征的确认，特征和关系的结合就形成了对模式的解释，如果它能完整地解释该模式，它就相当于所知觉的模式或具体的像。③部件识别理论。该理论认为把复杂对象拆分成简单形状的部件，就可以对其进行识别。

五、思维与想象

（一）思维过程

思维是人脑对客观现实的间接和概括的反映，它是认识过程的高级阶段。人们通过思维才能获得知识和经验，才能适应和改造环境，可以说，思维是心理活动的中心。

思维的基本过程包括分析、比较、综合、抽象和概括。

分析是指在头脑中把事物整体分解为各个部分进行思考的过程。

比较就是在头脑中把事物加以对比，确定它们之间的相同点与不同点的过程。

综合是指在头脑中把事物各部分联系起来思考的过程。

抽象指在头脑中把事物的本质特征和非本质特征区别开来的过程。

概括就是指把事物和现象中共同的东西和一般的东西区分开来，并以此为基础，在头脑中把它们联系起来的过程。

（二）思维形式

思维形式主要包括概念、判断和推理三种。

概念是人脑对事物的一般特征和本质特征的反映。

判断则是对事物之间的关系的反映。

推理是从一个或几个已知的判断中推断出新的判断。

（三）思维的品质

思维的品质是指人们在思维的过程中所表现出来的不同特点，如敏捷性、灵活性、深刻性、独创性、批判性等。

思维的敏捷性是指思维活动的敏锐度。有的人在创意构思时反应敏捷、快速，而有的人则要慢一些。敏捷性思维是可以培养的，多思考、多观察则会提高思维的敏捷性。

思维的灵活性是指思维活动的灵活程度。有的人对知识的掌握会举一反三，看到周围环境中对设计有用的东西会很快在设计中加以应用，这是思维灵活性强的表现。

思维的深刻性是指思维活动的深度。有的人善于抓住事物的本质，根据事物的基本原理进行创作，则这样的思维具有深刻性。

思维的独创性是指思维活动的创造性精神，就是我们常说的创造性思维。

思维的批判性是指思维活动中分析和批判的深度。有的人善于从事物的不足之面进行反思从而加以改进，这就是一种批判性思维。

（四）想象

认识事物的过程除了感觉知觉、注意、记忆和思维外，还包括想象。

所谓想象就是利用原有的形象在人脑中形成新的形象的过程。

想象可以分成无意想象和有意想象两种。无意想象是指没有目的也不需要努力的想象；有意想象则包括再造想象、创造想象和幻想。再造性想象是根据一定的文字或图形描述进行的想象；创造性想象是指在头脑中构思出以前从来没有过的想象；幻想是对未来的一种设想，它包括人们根据自己的愿望，对自己或其他事物远景的设想。

六、知觉暂留与错觉

（一）视觉暂留

当刺激物已经停止作用于人的感观后，人的感觉并不立即消失，这种现象叫做知觉暂留。各种知觉都有暂留的现象，如视觉暂留、听觉暂留、味觉暂留等。但各种知觉暂留的时间和反应各不相同。这不仅同人的感觉器官的生理机能有关，而且和刺激物的刺激作用有关。在所有知觉暂留中，最重要的是视觉暂留（图1-12）。

视觉暂留指视觉刺激物已经停止发生作用时，人的视觉并不随之消失，还会延长若干时间的现象。在刺激物消失后若干时间内所产生的视觉叫视觉后象，或称视觉余象、视觉残留。通常在中等照度的条件下，视觉暂留的时间为0.1 s。视觉后象有两种：

一种是积极后象，就是在性质方面和刺激作用未停止前的视觉基本相同的一种后象。例如，我们在灯光前闭幕注视灯光20 s以上，然后关灯，此前的视觉并不消失，还会延续一段时间。

图1-12　知觉暂留导致的光栅效应

动态视频链接

另一种是消极后象，指在刺激物停止作用后，产生与刺激作用未停止前在性质方面正好相反的一种后象。例如，在阳光下观察绿色树丛，然后转视白墙会看见微微发红的视觉现象。一般来说，消极后象的色彩是原刺激物色彩的补色，如视黄色，可见到蓝色。明度方面正好相反，注视黑色可见白色。

（二）错觉

错觉是与客观事物不相符合的错误知觉。我们在日常生活中经常会遇见错觉的现象，例如，当你坐在开动的火车上迎面遇见另一辆停止的火车时，有时你会觉得，自己的火车没有动，而是对面的火车在反方向开动。同样的，坐在运动的汽车上，注视车外的行道树，你有时也会产生车未动而树在动的错觉。再如，注视瀑布流下少许时间，再观察两边的山石就会产生山石向上运动的错觉。一般来说，人们的各个感观都会产生错误的知觉，如错视觉、错听觉、错味觉、错嗅觉、错肤觉及运动错觉、时间错觉等。在所有错觉中，错视觉最为常见，它同设计的关系也最为密切。错视觉包括图形错觉、透视错觉、光影错觉、体积错觉、质感错觉、空间错觉等。

当人们把注意力只集中在线条图形的某一因次，如它的长度、弯曲度、面积和方向时，由于各种主客观因素的影响，有时感知到的结果与实际的刺激模式是不相对应的，这种现象被称为"几何图形错觉"。多数情况下，错视觉以有规则的图形表现得最为明显（图1-13～图1-15）。

关于错觉的研究已经有100多年了，直至目前，仍有许多错觉产生的原因未能完全搞清楚。一般认为，错觉的产生除了受刺激物本身结构影响，也与观察者所持的"推理、联想和完成化的倾向"有关。早在1904年贝纳西就对错觉中的中枢因素做了研究，发现

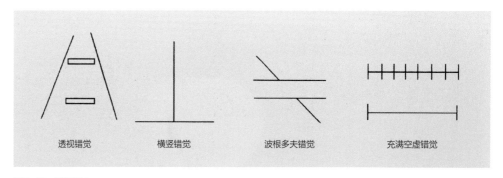

透视错觉　　　横竖错觉　　　波根多夫错觉　　　充满空虚错觉

图1-13　错视觉1

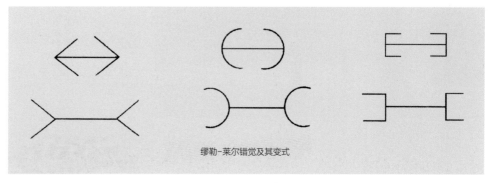

缪勒-莱尔错觉及其变式

图1-14　错视觉2

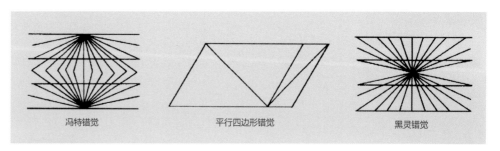

冯特错觉　　　　平行四边形错觉　　　　黑灵错觉

图1-15　错视觉3

如果观察者以"整体感知"的态度去观察图形，所得到的知觉效应与以"隔离部分"的态度去观察几何图形所得到的知觉效应是不一样的。这就告诉我们，典型几何错觉图形是形状知觉的一些特殊情况，它在一个图形的某一部分可显示出大小与方向上的错误，是受图形的整体印象的影响而产生的。如果我们反复多次地去观察这些错视图形还会发现，错觉差距会变小。总之，由于几何图形的原始结构不同，图底关系不同，附加图形结构不同，观察者的态度不同，就会形成各种错觉。但我们不能以一种观点去解释所有的错觉现象，格式塔对于图形产生的心理要素的研究告诉我们，由于人们受过去经验的影响，图形结构、位置、大小和方向等总会诱导观察者产生某种联想从而推断出某种视觉效应，形成错视觉（图1-16～图1-20）。

　　错视的研究对于了解知觉过程具有重要的理论价值，在具体设计实践中，如何利用错觉或消除错觉的影响都是非常具有价值的（图1-21～图1-23）。

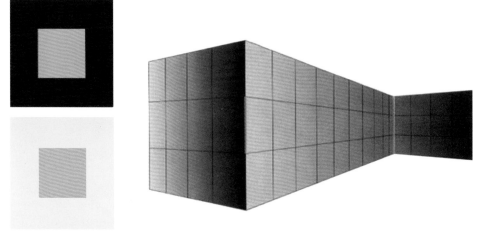

图1-16　色彩错觉，同一块灰色在不同的背景下呈现出不同的色彩倾向

图1-17　相同长度的线条在透视线的干扰下产生长短错觉

图1-18　似动错觉

图1-19　拧绳错觉

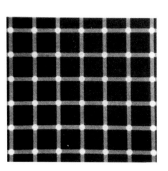

图1-20　频闪错觉

图1-21　错视图形在服装设计中的应用

图1-22 艺术家在大型建筑表面所进行的视觉艺术创作。在特定的视角下,利用错视觉的效应,形成一个完整的环形

图1-23 沃尔夫信号楼表皮所呈现出的错视现象,使平面产生了类似空间深度的视觉效果

七、向光性与私密性

(一)向光性

向光性是人类的本能和视觉的特性。人们的生活离不开光,走向光明是人的本能需求。光代表希望、安全和健康。如果有两个相邻的出入口,一个明亮,一个黑暗,对于陌生人几乎都会选择有光亮的出入口。

由于"注意"的心理特性,人们首先注意到的是相对光亮度强的物体。因为光亮的物对人眼睛的刺激强度大,特别是光亮度不断变化着的物体,最容易使大脑两个半球的有关部位形成最优越的兴奋中心,同时这种兴奋中心会对人体其他部位发生负诱导的作用。这就产生了高度的指向性和集中性,这就是人的向光性。

利用向光性的特点,我们在设计中可以用光吸引观众的注意力,使他们关注到设计师想要引导大家注意的地方来(图1-24);也可用光线来引导方向;还可以利用光起到安全防范的作用。

图1-24 在展厅设计中,经常利用向光性来引起观者的注意

(二)私密性

私密性指个人或群体控制自身在什么时候以什么方式、在什么程度上与他人交换信息的需要。私密性具有四种基本状态:独居、亲密、匿名、保留。

独居和亲密指一个人或几个人亲密相处时不愿被人打扰的实际行为状态。

匿名指个人在人群中不求让人知道,隐姓埋名的状态。

保留指对事物的态度加以隐瞒和不表露的状态。

私密性是人的本能。它使人具有安全感，可按照自己的想法来支配环境，在没有他人在场的情景中充分表达自己的感情。

私密性在人际关系中形成了人际距离。人际距离即人与人之间所保持的空间距离。这种空间距离在社会学中是一种信息关系、一种情感距离；在环境科学中则是实际的空间尺度。根据人类学家赫尔的研究结果，人际距离包括了以下几种常见的空间距离关系。

（1）亲密距离（0~50cm）：当事人在此距离内所实现的活动有爱、抚摸等，这是家庭生活中常见的现象。亲密距离对于家具设备的布置具有参考意义，同时在体育运动中，亲密距离对场地设计也具有一定的指导意义，如角斗、拳击活动这些近距离的运动场地。

（2）个人距离（50~130cm）：当事人在此范围内所表现的活动包括亲密朋友的接触、日常同事间的交往，这对起居室和一般空间设计具有指导意义。

（3）社交距离（130~400cm）：当事人在此范围内多为非个人的或公务性的接触，这对较正规的接待室和商场柜台布置具有一定的参考意义。

（4）公共距离（>400cm）：公共距离在此范围内表现的是政治家、演员等与公众的正规接触距离，这对接待大厅、会议室等室内空间设计有指导意义。

美国心理学家坎特在一个实验中研究了人们进入公共空间的行为特点。学生被要求以8个人为一组进入教室，然后每个人选一个座位。观察的变量是老师与第一排学生的距离以及桌椅的排放形式。在矩形空间中，当老师站在离第一排座位3m的距离时，学生选择前三排坐，当老师距离第一排座位1.5m时，学生倾向坐在最后三排。但在一个半圆形空间中，老师站立的地点对学生选择座位不会产生任何影响（图1-25）。

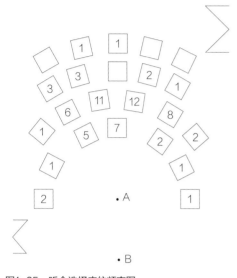

图1-25 听众选择座位频率图

私密性在环境中的个体表现导致了个人空间的产生。个人空间指个人身体周围存在的空间范围，也是身体的缓冲区，它在住宅的邻里关系中体现为私密门口槛线。这是美国人类学家拉波普研究不同文化背景下不同住宅外部空间私密性后提出的。私密门口槛线指陌生人接近住宅时引起居住者焦虑的位置或界限。

私密门槛线可以是一栋住宅的大门或内门，如北京四合院的照壁，也可以是一个象征性的界线。由于文化和地域的不同，人们对私密性的需要也不同，反映在住宅中的私密门槛线也不同。图1-26分别为伊斯兰、英格兰、北欧三种文化背景的私密门口槛线的位置。这对庭院环境设计、领域范围的确定、安全标志的设置都有一定的参考价值。

印度尼西亚某些岛屿上的街道，一般都是按照严格的规划标准来建造的。那里的村庄大部分都建造在平坦的土丘和地台上，而且只有通过建在村庄尽头的石阶才能到达。中央街道既是私人空间，也是集体空间。外来者只能走在中央的街道上，只有房屋的主人愿意接待时他们才能接近。房屋前后形成两个部分，向着街道的部分是贯通的，居民的孩子们可以在贯通空间中畅通无阻地穿行。后部是有强烈的私有空间性质的住所。所以可以认为，在这里私密门槛线针对不同的对象被划分成两个层级（图1-27）。

在欧洲的许多国家，住宅的私密性程度不高，相当开敞，只用低矮的栏杆来象征个人的领域范围，即使是公共建筑，甚至是机密建筑也少见高墙深院。这表明私密性问题同民族传统、社会管理等诸多因素有关，属于心理学范畴。因此如何区分空间的私密性等级，尽可能地在设计中满足住户私密性的要求对空间设计影响很大。

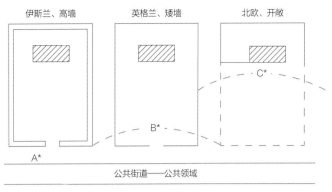

伊斯兰、高墙　英格兰、矮墙　北欧、开敞

C*

B*

A*

公共街道——公共领域

图1-26　私密门槛线

图1-27　印度尼西亚某些岛屿上的私密门槛线

八、领域与个人空间

这是同私密性相关的问题。

（一）领域

领域是指人为了某种需要而占据一定的空间范围。这种范围可以是个人座位、一间房子或一片区域。它可以有围墙等具体的边界，也可能是象征性的容易为其他人识别的边界标志或是使人感知的空间范围。

人对空间有占有和支配的渴望与本能。占有和控制领域是所有动物的行为特征，也是人的特殊需要。在宿舍中，同住的同学会将该房间大致分成相等的区域范围，将各自的东西放置在属于自己的范围内。

扩大领域范围，这是一切动物的行为特征，也是多数人的行为表现或欲望。例如，有了一间房子居住，条件许可时又想占有更大更多的房子，这也是日常生活中常见的事。

将领域人格化，这是人对领域占有的又一个共同特点。所谓领域人格化，指的是领域的占有者总是用特殊的方式将领域处理得具有特殊性，以示占有者的身份，肯定他在人群中的地位。其中最有效的方法是将物质环境做特殊处理，如将围墙、室内家具、陈设做特殊的处理，使其具有个性。

领域不仅指有形的物质环境，个人的地位也是领域的另一个显著特性。

人是社会的人，人类对领域的占有和支配是受社会、自然环境、生物环境等诸多要素制约的。这是人与动物关于领域的最大区别。人们不可能也不应该无限扩大或占有超出社会和环境允许的领域。环境的可持续性也不可能无限地满足占有者对领域的要求，因而领域在动态中平衡，这是人类领域的特殊性。

关于人类的领域特性，其积极作用是，领域的要求促使占有者进行正常的活动，为自身提供安全感，实现自我表达的可能性，使空间环境构成一定的秩序，也使人类的建筑活动在动态中发展平衡。

领域的消极作用是，由于人类具有扩张领域的本能，因而会造成占有者相互攀比，甚至是斗争，从而使人际关系、邻里关系，甚至是社会关系复杂化。

关于领域的研究对建筑设计和室内设计也具有指导意义。既不能无限地使占有者随意扩大领域，也不能不合理地缩小个人领域，这要求设计者合理确定个人领域与空间领域的界限，既保障领域占有者的安全，又便于其进行人群交往。在室内环境设计中，也要明确个人领域的大小，这样才能保证室内正常活动的开展。

（二）个人空间

个人空间的概念最早是由心理学家索姆尔提出的。它是指存在于个体周围最小的空间范围，是个人活动和生存的基础。个人空间一旦受到侵犯与干扰，将会引起人的焦虑和不安，它随着个体活动而移动，视情况改变而扩大与缩小，通常被描述为个人的"空间气泡"。在传统上，个人空间的形状被视为圆形，但这个描述是不准确的，从三维空间来考虑个人空间，身体各部分个人空间大小都不相同，因此形成不规则的圆柱体。与领域的概念相区分，个人空间指的是生理和心理上所需要的最小空间（图1-28）。

个人空间有以下两种作用。

一是使人与人、人与空间环境的相互关系得以分开，使其保持各自完整又不受侵犯的空间范围，它是身体的"缓冲区"，这是研究空间行为的基础。

二是从信息论的观点出发，个人空间又使个人之间的信息交往处于最佳状态。在此范围内个体之间得到最广泛的信息交换，这是研究人际距离、人际关系的基础。

影响个人空间的主要因素有以下几个方面。

第一，人的因素，如性别、年龄、文化背景等。

第二，人际因素，如人与人之间的亲密程度。

第三，环境因素，如活动性质、场所的私密性等。

个人空间是因时、因人、因事、因景变化而变化的。例如，在公共汽车里，人们对"拥挤"具有很强的忍耐性；在图书馆里，邻座太近，又会引起互相不安与烦恼；在教室里，个人空间很均衡；在谈判桌上，个人空间又很大。由此可见，人的心理因素深刻地影响着个人空间，如何掌握这个"心理空间"的尺度，要求设计者对人和环境有充分的理解（图1-29）。

图1-28　个人空间

图1-29　餐厅中，相邻位置过近会引起个人空间被侵犯的感觉，通过适当的设计方式，可以从心理上消除这种感觉

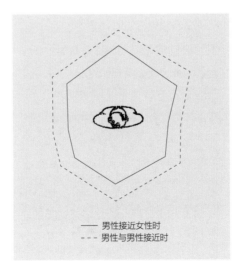

—— 男性接近女性时
- - - 男性与男性接近时

第三节

人体测量学基础

一、人体测量学的由来与发展

人体测量学是通过测量人体各部位尺寸来确定个人之间和群体之间在人体尺度上的差别的一门科学（图1-30）。

对于人体的测量有着古老的渊源。早在公元前1世纪，罗马建筑师维特鲁威就已经从建筑学的角度对人体尺度做了较全面的论述。他从人体各部位的关系中发现人体基本上以肚脐为中心。一个站立的男人，双手侧向平伸的长度与其身高恰好相同。双足与双手指尖恰好在以肚脐为中心的圆周上。按照这个描述，文艺复兴时期的达·芬奇创作了著名的理想人体比例图（图1-31），1857年约翰·吉布森（John Gibson）和杰·博诺米（J·Bonomi）又绘出了维特鲁威的标准男人设想图（图1-32）。

此后，许多哲学家、艺术家、理论家对人体尺度进行了大量的研究，积累了大量的人体测量数据。但当时，研究多从美学角度展开，还没有考虑到人体尺度对生活和工作

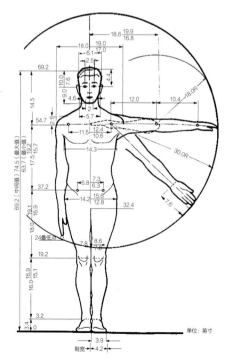

图1-30　人体测量

图1-31　达·芬奇创作的理想人体比例图

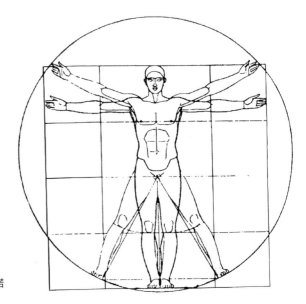

图1-32　1857年约翰·吉布森和杰·博诺
米所绘标准男人设想图

的影响。直到第一次世界大战期间，航空工业突飞猛进，人们迫切地需要人体测量的数据，以此作为工业产品设计的依据。第二次世界大战期间，航空与军事工业产品的生产对人体尺度提出了更高的要求，进一步推动了人体测量的研究。人体测量学的成果在军事和民用工业产品设计中以及人们的日常生活和工作环境中得到广泛的应用，并拓展了研究的领域。目前，人体测量学的研究仍在继续，建筑师也意识到了人体测量学在建筑设计中的重要性，可以应用人体测量的研究成果来提高建筑环境质量，合理确定建筑空间尺度，科学地从事家具和设备的设计，节约材料和造价。

　　由于人类个体与群体的差异、生活环境的变化、使用目的的不同，人体测量学的数据一直处于缓慢变化之中，因此过去的数据和不同地区不同种族的人体数据是不可能照搬应用的。

　　影响人体测量的个体与群体差异的主要因素有以下几个方面。

　　（1）种族：由于遗传等诸因素的影响，不同种族的人在体格方面有明显的差异，人体的尺度也随之不同。

　　（2）性别：男性与女性在14岁之前，身高尺度没有太大的差异，有的女性身高还会超过男性，但到了青春期，人体的差异开始变得明显，他们的人体尺寸在个体与群体上差异都很大。

　　（3）年龄：不同的年龄具有不同的身高，因此人体尺寸差异很大。婴幼儿、少年、青年、中年、老年各个时期，人体的尺寸一直处于变化之中。

　　（4）地区：由于地理环境、生活习俗、生活水准的不同，即使是同一个种族，在不同的地区，人体尺寸也有较大的差异。

　　（5）职业：脑力劳动者和体力劳动者、运动员和教育工作者，人体尺寸的群体存在差异。

（6）环境：不同时期，经济条件、文化生活水平、生活习惯等因素都会影响人体尺寸变化。目前全人类都属于增高期。

二、人体测量学与设计的关系

人体测量学是工业产品设计、工业场所设计和室内空间设计的基础。

（一）工业产品设计

工业产品设计的内容极其广泛，要使产品符合人的使用要求，就需要了解与之相关的人的各种数据。例如，设计一支笔，要了解人的手型及手的尺寸；设计家具要了解人的身高尺寸及坐高尺寸等（图1-33）。

（二）工作场所设计

这种设计是同工业产品设计分不开的。

（三）室内空间设计

室内空间的大小离不开人的尺度要求（图1-34、图1-35）。确定一扇门的高度与宽度，就要了解人在进入房间时的姿势和活动范围及其功能尺寸。例如，确定观众厅里的走道宽度、坐椅的每排间距，就要了解人在通行时每股人流的最小宽度，观众的坐高及坐着时的身体尺寸，这样才能使观众舒服地坐着，既不影响他人通行又不影响后排人的观看，使每排间距最经济，从而节省面积和空间高度。

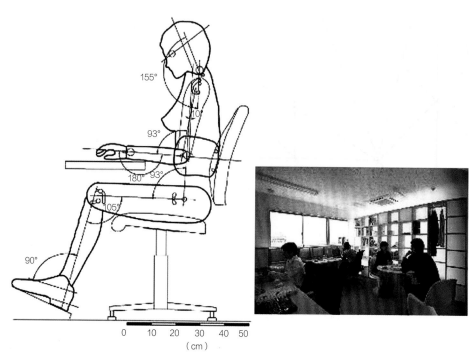

图1-33　人体测量数据用于办公桌椅设计

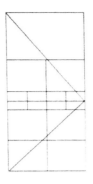 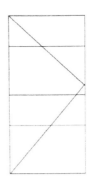 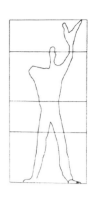

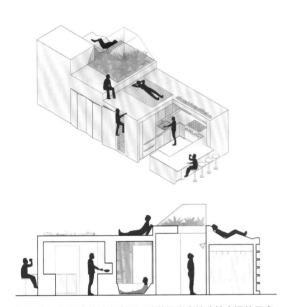

图1-34 根据人体的姿态和活动范围决定的建筑空间的尺度

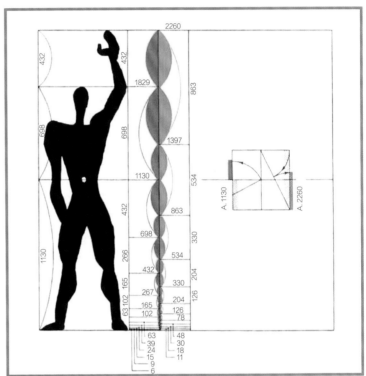

图1-35 柯布西耶根据理想人体尺寸设计的红蓝尺

三、人体测量的内容和方法

（一）人体测量的内容

人体测量的内容主要包括四个方面：人体构造尺寸、人体功能尺寸、人体重量和人体推拉力。

1. 人体构造尺寸

人体构造尺寸（即人体结构尺寸）主要指人体的静态尺寸，包括头、躯干、四肢等在标准状态下测得的尺寸。在环境设计中应用最多的人体构造尺寸有：身高、坐高、臀部至膝盖的长度、臀部宽度、膝盖高度、大腿厚度、坐姿时两肘之间的宽度等。

2. 人体功能尺寸

人体功能尺寸指的是人体的动态尺寸，这是人体活动时所测得的尺寸。由于行为目的不同，人体活动状态也不同，故测得的各功能尺寸也不同（图1-36）。

3. 人体重量

测量人体重量可以使我们更为科学地设计人体支撑物和工作面的结构。对于室内设计来说，与重量有关的主要包括地面、椅面、床垫等结构的强度。人体重量一般分为幼儿体重和成人体重，以此来确定人体支撑物的计算荷载。

4. 人体推拉力

测量人体推拉力的目的在于合理地确定把手开启力和橱柜抽屉的重量，进而科学地设计家具及五金构造。

（二）人体测量的方法

人体测量的方法有四种：丈量法、摄像法、问卷法、自控或遥感测试法。

1. 丈量法

丈量法主要利用测量仪来测量人体构造尺寸，如用测高仪丈量身高、坐高、肩高等；用直尺和卡尺丈量人体细部构造尺寸（图1-37）；用磅秤测量体重；用拉力器测量人体推拉力。

图1-36　人体动态数据的测量

2. 摄像法

摄像法是用摄像机和照相机来拍摄人体的动态尺寸的测量方法。图1-38中，被测者站在带有刻度的投影板前做出各种动作，测量者利用照相机或摄像机在距离被测者高度10倍以上的位置处拍摄，从投影板的刻度上，我们就可以得出其功能尺寸。

3. 问卷法

问卷法针对的是关于人体舒适度的测量。舒适度与被测者的生理和心理特点有关。因为"舒适"是一个主观的评价指标，因人而异，所以采用问卷法。虽然功能尺寸的测

图1-37　用丈量法测量数据

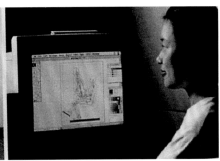

图1-38　用摄像法测量数据

量结果是一个变化值，但存在一个阈限，关于阈限的获得就可以通过询问被测者的感觉或评价来确定。

4. 自控和遥感测试法

自控和遥感测试法是利用自动控制系统和多功能生理测试仪，采用遥控的方式测量人体的某些数值的方式。例如，计量人体压力分布，可以通过自动控制系统将压力输入，由电脑测得其结果；想要测量楼梯踏步高度对人的影响，可采用遥控测量的方式来获得被测者运动时的肌电大小、心律变化等。

四、百分位和人体尺寸的相关定律

（一）正态分布

人与人的尺度各不一样，但是考察一个大群体后，可以发现人群尺度具有一定的分布规律。人体测量就是通过选取一个足够大的群体进行测量后，运用数理统计分析的方法总结其规律。人体的尺度通常符合正态分布规律。如欧美男人身高在175cm左右的人数最多，身高离这个数据越远的人数越少，这就会形成一个中间大、两头小的"钟"形曲线，这种规律即为"正态分布"。

（二）平均值、中值、众数

在测量中，平均值表示全部被测数据的算术平均值；中值表示全部被测人数中有一半的数据在这个数据以上，另一半在这个数据以下；众数表示测得最多的那个数值，即"钟"形曲线的顶点。在标准的正态分布中，平均值、中值、众数的数值是非常接近的，常常将它们作为一个数值，统一用"M"表示。

（三）适应域

按照某一尺度设计的产品不可能适应所有的使用范围，但可以适应大多数人，这个大多数究竟是多少，需要视具体情况来确定。一般来说，该数据最好能适应95%以上的人，最少不能低于90%，这个90%～95%就是该数据的"适应域"。

（四）百分位

由于人个体与群体的差异，人体的尺寸都有很大的变化，故设计时几乎不采用"平均数"（平均值）。统计学表明，任意一组特定对象的人体尺度分布均符合正态分布的规律，即大部分属于中间值，少数属于过大或过小值，分布在两端。设计时要满足所有人的要求是不可能的，也没有必要，但必须满足多数人的要求。

百分位与百分点的概念不同，百分位指的是一个概率，它是从小到大进行数值排列的，高位的数值往往大于低位的数值。值得注意的是，不存在绝对标准的人，即人体所有的数据都同时处在相同的百分位上。选择测量数据时要注意根据设计内容和性质来选用合适的百分数据。以下是几个可供参考的原则。

（1）够得着的距离：一般选用5%的数值，因为5%的人够得着，那95%的人肯定够得着。

（2）容得下的距离：一般选用95%的数值，因为95%的人都能够通行，只有5%的人通行困难，即大个子的人能通行，小个子的人也一定能通行。

（3）常用高度：一般选用50%的数值，如门铃、把手、电灯开关、厨房设备高度等。这样既可以照顾到高个子也可以照顾到矮个子的需要。

（4）可调节尺寸：若确定百分位大小有一定的困难，条件许可时，可增加一个调节尺寸。调节尺寸的大小是根据人体尺寸、工作性质和家具及设备的加工能力来决定的。

（五）人体尺寸的相关定律

人体的各种尺寸虽然差别很大，却有着一定的变化范围和相关联系。如腿长的人往往上肢较长。成年人的身高与其站立时两手平伸手指间的距离相等。我国通过对年轻男子的人体测量，发现他们的平均身高大约为170.09cm，头高为22.92cm，这两项之间的比是1：7.54。女子的身高与头高的比例也基本相同。

如果将头高当作基本的尺度单位，则身高为7.5个头高，肩宽是2个头高，上肢是3个头高，下肢是4个头高，这些人体尺寸的相互关系在人类学上称为人体尺寸的相关定律。

但由于年龄、种族、地区等差异，上述人体相关定律的比例是不尽相同的，我们在设计中要灵活运用。

第一节

人与环境的交互作用

一、人与环境

环境是我们周围一切事物的总和。构成环境的层次很多，按照时空规度，我们可以把它分成四个层次，即自然环境、人、内化层次和外化层次。地球自生成以来，一直处于自然生态、地理地貌和气候转变这一层次上。根据天然的力量平衡发展，直至出现了人类，可以说，自然环境是人类生存、繁衍的物质基础。利用、保护和改善自然环境是人类自身的需要，也是维护人类发展和生存的前提。由于人的出现以及人类特有的认知与思维能力，环境发展也因此变得生动和复杂。人类为了生存就会不断地向自然索取资源，与自然进行物质交换。作为认知的主体，人对客观存在的自然环境进行反观自照，形成了自然观，并由此辩证地发展而产生一系列的哲学思想、风俗、习惯、社会意义及构成、宗教信仰和伦理道德等，从而形成自然环境通过人而内化的层次。与此同时，人类在社会生活中，为了物质与精神上的享受而对自然界进行各种生产与改造活动的结果，即包括城市、建筑在内的一切技术与艺术成果形成的外化层次。自然环境、人及外化结果都是一种感觉环境因素，它们之间彼此依靠一种引力的方式相互作用，遵循心理学上"刺激—反应"公式，而内化层次则是一种依靠心理活动才能理解的相对深层的知觉环境因素，它对于环境系统的作用通过一种无形连续影响这样一种场的方式，借助于人这唯一能动因素来完成。这四个层次并不是平行发展的，它们交叉错落，通过人这一要素彼此沟通，彼此制约地发生影响（图2-1）。

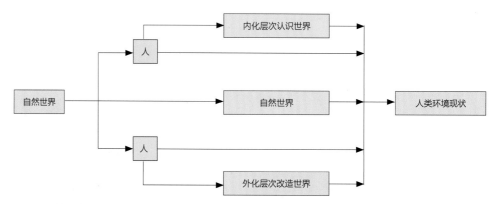

图2-1　环境系统构成

一切生物，包括人在内，都同环境进行着复杂的相互作用。在生物的推动下环境将发生变化，而一旦环境发生变化，生物体也将随之发生变化。这种物理的、生物的结合存在于整个地球范围之内。因此，所谓环境问题实际上就是人与环境的关系问题。

二、刺激与效应

人与环境的交互作用表现在"刺激—反应"公式上。当人受到各种环境因素作用时，人体的各种感官受到了刺激，就会能动地做出相应的反应，这些反应都是由环境因素引起的物理刺激或化学刺激的效应。人体的感官或大脑受到生理因素或环境信息引起的心理因素刺激后，也会做出各种相应的反应，如喜、怒、哀、乐等，这被称为心理效应。各种效应都有一个适应过程、适应范围。当刺激量很小时，则不能引起人的感官反应；刺激量中等时，人们会能动地做出自我调整；刺激量超出人们接受的能力时，人们会主动地反应，会改变或调整环境直至创造出新的环境，以适应人的自我需要。

三、知觉的传递与表达

环境刺激作用于人的感官，从而引起人的各种生理及心理活动，使之产生相应的知觉效应，同时也表现出各种外显行为。人们改造或创造新的环境以适应人体的生理和心理的需要，而新的环境又促进人需要的增长，人又要不断地改变环境，如此循环往复，知觉的传递是一个动态的平衡系统（图2-2）。

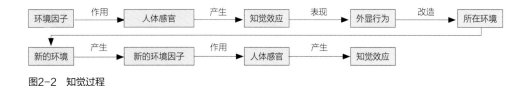

图2-2 知觉过程

作用于人的各种环境因子，如果是物理刺激，可用物理量来表示。例如，引起视觉的光与色可通过光谱仪和色谱仪来确定其波长等物理量；温度和湿度可用温度计和湿度计来测量；也可以用声音测量仪来测量声压大小和声频等。

然而，人们的许多知觉效应是无法用物理及化学的方法来检测的。例如，欲使一个房间的亮度看起来是原来的2倍，如果只是单纯地将灯光的瓦数增加1倍，则亮度变化显得很小，这说明只用物理量是不能测量所有因子的，物理值的等量变化并不能引起感觉上的等量变化。为了弄清物理刺激变化与感觉刺激变化之间的关系，我们需要建立能够度量阈上感觉的心理量表。

心理量表：从量表的有无相等单位和有无绝对零来说，心理量表可以分为顺序量表、等距量表和比例量表三个类型。

（1）顺序量表：指既没有相等单位又没有绝对零，只是将事物按照某种标准排序的计量方法。这是一种粗略的量表，其数据不可用加减乘除法来运算，只显示排列的名次。

（2）等距量表：这种量表有相等单位，但没有绝对零。我们不仅能从等距量表上看出事物有无差别，还可以知道相差多少。例如，甲地气温由20℃升高到25℃，乙地气温由10℃上升到15℃，尽管两地的基础温度不同，但两地上升的温度幅度是相等的。

（3）比例量表：这种量表既有相等单位又有绝对零。所得出的数据可用加减或乘除法加以计算。例如，甲房有120㎡，乙房有60㎡，甲房面积是乙房的2倍。

量表还有所谓的直接量表与间接量表。直接量表可以直接测量要测事物的特性，间接量表所测的是一事物对另一事物所产生的影响，从而借助另一事物来推测所要测量事物的情况。

综上所述，知觉效应的表达是通过测量环境因子的刺激量来实现的。不同的因子有不同的表达方式。有关心理量表的制作可以参考实验心理学的专著。对于设计师来说，最重要的是关注不同的环境因子对人体感官的作用所产生的知觉效应，如何确定其刺激量的科学阈限就涉及有关人体舒适度的概念。

四、人体舒适性

舒适性的概念是一个复杂的动态概念。它因时、因地、因人而不同。因此即便是相同的环境也会给人以不同的感受，有人满意而有人不满意。故讨论人与环境的相互作用时，必须明确，这是一个相对概念。一般来说，正常情况下，凡是这个环境能使80％的人感到满意，那么这个环境就是这一时期的舒适环境。

同时，舒适性还涉及安全、卫生的概念，有的环境虽然能让人在知觉方面产生舒适感，然而对人体健康无益，那么，我们认为这个环境还是不舒适的。例如，空调房固然能在夏天提供凉爽，但长期在此工作会引发"空调病"，因此这是一个不安全的环境，不能认为是舒适的。

人体舒适性的类型有两个方面：一是行为舒适性，二是知觉舒适性。行为舒适性指的是环境行为的舒适程度。例如，饿了需要寻找餐饮的地方，餐馆太远，提供的饮食很少，不能满足需要等都会让人感到不舒服。知觉舒适性是指环境刺激引起的知觉舒适程度。例如，虽然我们找到了用餐的地方，但这个餐馆嘈杂、脏乱、光线昏暗，在这种情况下，虽然我们满足了填饱肚子的需要，但这个地方的知觉环境也不舒适。所以，要产生舒适感必须在行为和知觉方面都能满足人体的需求。

第二节

人的心理与环境

一、环境心理学的产生

对环境与心理关系的研究可以追溯到20世纪初。当时，受近代工业革命的影响，许多细微的科学分支出现了。环境研究也从哲学范畴中分离出来，诸多心理学家、社会学家、地理学家及行为科学家从各自学科角度出发对环境与人的关系做出阐述，此时，建筑师并没有投入到这一研究领域中来。直到20世纪60年代末，环境心理学才作为一门独立的学科确立起来。建筑师、规划师、心理学家与行为学家们对环境与心理的命题有了趋于统一的认识。简单地说，环境心理学就是研究人与其周围物质的、精神的环境之间关系的科学，它从心理学的研究领域脱离出来，主张用科学的手段探讨如何将人们的心理需求体现在环境设计之中的方法。

当代建筑师一直致力于"人·环境·建筑"这一课题的讨论，力求使建筑环境与人的心理、生理以及文化传统达到和谐的三位一体。过去，建筑往往凌驾于它所处的环境之上，几乎从不考虑生活在那里的人会有怎样的心理倾向；现在，设计师更为关注的是人们如何认知环境，在特定的空间环境中人们的心理态势及人们如何对环境作出审美的评价。

二、空间环境中人的行为心理特点

（一）领域与个人空间

空间被视为由隔离物所限定的范围，也是人们活动所占据的领域。事实证明，占有领域、扩大领域是人类最基本的心理特征。

心理学家斯蒂将领域按照社会组织结构分成三个层次：领域单元（Territorial Unit，即个人空间）、领域组团（Territorial Cluster）和领域群（Territorial Complex）。他把个人空间定义成一个小的圆形物质空间，以个体为中心，文化上的因素影响着半径；领域组团包含了个体空间及其交往频繁的通道；每一个群体中的个体同时都具有自己所属的其他组团，包含这些组团的集合则被定义为领域群。在领域群中，即使是个人空间也会被集体成员视为"我们自己的领域"（图2-3）。

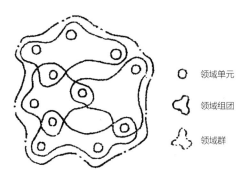

领域单元
领域组团
领域群

图2-3 空间领域的划分

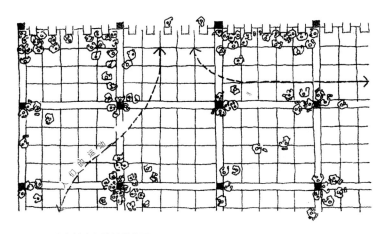

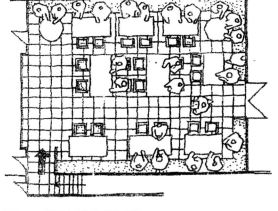

图2-4　火车站人们等待的位置　　　　　　　　　　　　图2-5　餐厅中人们选择的座位

　　实验证明，领域的空间形状、面积、边界状况及个人所属领域组团的变化都会影响到个体行为方式和空间使用方法。

　　一系列实验表明，人们总是尽可能地在被占据的空间中均匀分布，而不一定待在最适宜自己行为的地方。对铁路车站进行长期观察后，调查员发现人们往往喜欢站在靠近柱子而又不引人注目且不影响他人的地方（图2-4）。

　　类似情况在餐厅和图书馆的阅览室中也经常发生，人们总是尽可能地选择靠近墙壁的桌子而不愿意占据中间的位置（图2-5）。可以说，人们普遍具有这样一种习惯，即对于空间的利用基于接近—回避法则，就是说在保证自身安全感的条件下，尽可能地接近周围环境以便更多地了解它。瑞士建筑设计师马里奥·博塔成功将这一法则运用到自己的建筑设计之中，创造出一种建筑联系内外的"中介表达"方式。例如，利物桑尤塔勒住宅，这幢房子有着很强的封闭感，该住宅外界无窗，唯一能够引起人们注意的是一种被称为"凉廊"或者"龛"的缺口，这是人们接触外界的唯一渠道（图2-6）。马里奥·博塔认为，人们常把与外界具有足够界定性的房子当成"自己的"房子，只有在具有了这种安全感的前提下，人们才可能在一种轻松的心境下不断地发现、享受这个世界，并与之对话。

　　人在空间环境中的分布是保持着一定距离的，抑或说，领域性的表达是以人与人之间的距离为基本潜在量度的。在考虑个人空间问题时，美国人类学家豪尔将人与人之间的距离分为四种，这四个概念是在远近的基础上分别加以论述的。

图2-6　利物桑尤塔勒住宅

所谓亲密距离即指人们相互接触的距离比较近，这些接触包括抚摸、格斗等；个体距离则是指人们相互交流或用手足向对方挑衅的距离；社交距离指人们进行相互交往或办公的距离；公众距离是指与一般陌生人的距离，在这个距离内，人们既可以很容易地接近而形成社会距离或个体距离，又可以在受到威胁时迅速逃避（图2-7）。人们为了保持这些距离所采取的行动，是我们在进行环境设计时应予以关注的。经过观察，我们可以发现，在人们的社会交往活动中，人们更愿意对面而坐，除非这样做的距离要远大于相邻而坐。在对同一家咖啡厅30对年轻人的观察中，可以发现有16对是面对面而坐，10对邻角而坐，4对是相邻而坐。这种行为可以解释为：头部及双方眼睛的对视对于控制两人之间谈话的情绪和节奏是很重要的。在这个条件下，我们可以预计，在相互交流中，人们之间的角度也将是很重要的。例如，在演讲厅座位的排列比较中，矩形的排列，听众所选择的位置受演讲者位置的影响；但如果是呈半圆形排列，则演讲者的位置不起什么作用。索末尔对图书馆座位选择的大量观察中发现，人们在所有的情况下都试图坐在距离已经坐下的人最远的地方，当距离缩小时，人们就会选择相邻座位以避免目光接触。在国际会议上，人们也会因为桌子的形状和位置而争论不休。这说明，人的不同位置和距离对人的判断及人际交流有着重要的影响（图2-8）。

（二）私密性

私密性在前一章节已有论述，指个人或人群控制自身与他人接近，以什么方式、在什么程度上与他人交换信息的需要，也就是说其所处环境具有隔绝外界干扰的作用，而按自己的想法支配环境和在独处的情况下表达感情，进行自我评价的自由。相比住宅的私密性，设计师更为关注公共空间的私密性（图2-9和图2-10）。

美国心理学家罗伯特·索默在《私密性的社会生态学》中谈到图书馆读者的私密性要求时认为："对许多图书馆读者而言，私密性的感觉是不可缺少的——随心所欲能看能写，不致打扰别人，也不致被别人打扰。很少有地方像图书馆阅览室一样有具体的方案保证私密性的存在。在众多公共机构中，图书馆是少数几个不允许人们相互交谈的机构之一。"从对学校阅览室的调查中可以看出，最初10个到达者中，经常有4或5的学生是一个人进来，而他们往往选择空桌子角端的椅子，这是一种维持个人心理安静的私密性要求的反应。

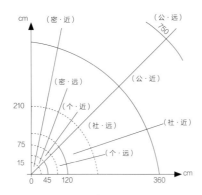

图2-7 空间的分类

图2-8 不同的桌子形状和位置排列

图2-9 玛康特剧院的下沉式的休息厅，让使用者感觉在公共场所私密性受到保护

图2-10 沙斯剧院的楼梯和天桥，这里展示了一种层叠的空间性，人们可以逗留在不同高度的挑台，虽然可以看到彼此，但空间上保持相对的独立和私密

在家庭环境中，室内环境对私密性的要求随着居民对居住区物质和精神要求的提高而日益受到重视。居住行为如睡眠、洗浴、更衣等需要较高的私密性；而社会性、家务性和文化性的行为对私密性要求不高。所以住宅设计中，应该根据私密性的不同要求提供不受干扰和侵犯的个人空间。人居环境中的私密性可以归结为居住者的某种自由度，他可以从视觉上或听觉上，象征性或实质性地开放或关闭外界对住户的影响。住宅私密性梯度为：公共性——街道及邻里街坊；半公共性——住宅门廊；半私密性——客厅、起居室；私密性——卧室、卫生间。

（三）拥挤感

1. 密度

密度是指单位面积中个体数目的客观测量，具体地说，是指个体数量与面积的比值。它可以分为社会密度、空间密度、可知觉密度、实际密度、内部密度和外部密度等。

其中，社会密度和空间密度是两个最基本的形式。社会密度指面积不变而变化个体数目；空间密度指个体数目不变而改变空间面积，社会密度与空间密度的变化对个人的行为和情感影响不同。

可知觉密度是指个体对所处空间密度的评价；实际密度指实际测量的单位面积中的个体数量，可知密度与实际密度不一定相同，它有可能超出实际密度，也有可能相反。人的行为多受可知密度的影响，而不受实际密度的影响。

内部密度是指个体与环境内部空间的面积比值，即室内密度；外部密度是个体与建筑外部空间面积的比值，是户外密度。

2. 拥挤感及对人的影响

拥挤是对导致负性情感的密度的一个主观心理反应。当人口密度达到某种标准，个人空间的需要遭到长时间的阻碍时，就会出现拥挤感。影响人们是否产生拥挤感的最主要因素就是知觉密度。

医学家与社会心理学家研究表明，拥挤带来的是混浊的空气、烦恼的嘈杂、紧张的情绪，这些对生物的负面影响都是有迹可循的。受到过分拥挤的环境压力的动物都具有明显的生理损害的迹象，还会引起动物的攻击和变态的行为。

拥挤对人的身心健康造成的危害也是明显的。例如，在生理方面，高密度的条件下人的血压偏高，个体患病的机率更高；情感方面，高密度会导致个体消极情感的状态；在高密度空间，男性体验到的消极情绪比女性更强，由于女性在社会交往中有更高的合群动机，所以在近距离内有更大的亲和力，男性的竞争动机更强，因而他们和别人距离过近时会产生威胁感。总之，高密度会产生焦虑、压力等负面情绪，且对男性的影响超过女性。

人们对密度的感觉是受到情境因素影响的。

（1）拥挤对人际吸引的影响：在高密度条件下，人际吸引降低。高社会密度的情况下，男性的反应比女性强烈。男性被试在高密度情境下对组内成员负面评价较多，而女性被试则相反，高密度促进了人际吸引。

（2）拥挤对退缩行为的影响：当遭遇高密度时，社会退缩行为是一种应激措施，它包括减少眼睛的接触，把头扭向一边，或保持较远的人际距离等。

（3）拥挤对亲社会行为的影响：亲社会行为即利他行为。在高密度的条件下，利他行为的减少主要是由于对自身安全的担心。

（4）拥挤对攻击性行为的影响：大量研究表明，拥挤对儿童的攻击性行为的影响更大，并随年龄的增加而改变。单纯的拥挤不一定产生消极的后果，拥挤对人带来的影响因人而异，因社会因素而异，因具体情境不同而异。

3. 环境设计中对拥挤感的控制

在建筑设计中可以利用隔断来减少对密度的知觉，因为拥挤感是个体感知到个人空间受到侵犯。同时，要注意焦点的设计，引导被试注意情境中的积极方面，从而提高个体的积极情绪，在设计中可以通过控制其他因素，如室内的色彩、布置、空间的开敞度等，来减少人们的消极反应，少拥挤感。

第三节

行为与环境

一、环境行为

人和环境交互作用所引起的心理活动，其外在表现和空间状态的推移被称为环境行为。环境行为是多样的，包括教育行为、人际行为、劳动行为等。这里的环境行为特指在一定的客观环境的刺激作用下，由于自身生理或心理的需要所表现出来的适应、改造和创造新环境的行为。因而可以说，人类的建筑活动是人和环境交互作用的结果，这里的人则包括社会群体的作用。

二、环境行为特征

环境行为是环境和行为互相影响的过程。这个过程包含人对环境的感觉、对环境的认知、对环境的态度这一连续的过程，同时包含空间行为这一外显的活动（即对上述连续过程的反应和动作）。因此，环境行为有以下特征。

（一）客观环境

环境行为的发生必须具备一个特定的客观环境。这个客观环境包括自然环境、生物环境和社会环境，这些环境对人（包括群体）的作用产生了各种行为表现，作用的结果是要人类去创造一个适合人类自身需要的新的客观环境。

（二）自我需要

环境行为是人的自我需要。

人是环境中的人，是层次、种族、年龄、文化水平、道德观、修养、伦理观等不同的人，他们对环境的需要也是不一样的。这种需要既包含生理需要，也包含心理需要。这种需要随时间和空间的改变而变化，且永远不会停留在一个水平上，是无限的，这种无限的需要也就推动了环境的改变、社会发展和建筑活动的深入和继续。

（三）环境制约

环境行为是受到客观环境制约的。人的需要不可能也不应该无限地增长或作随意的改变。它是受到各方面条件制约的。

（四）共同作用

环境行为是环境、行为和需要的共同作用。

心理学家库尔特·列文提出，人的行为是人的需要和环境两个变量的函数，这就是著名的人类行为公式：

$$B=f(P \cdot E)$$

式中　B——行为（Behavior）；

　　　f——函数（function）；

　　　P——人（Person）；

　　　E——环境（Environment）。

一是行为目的是实现一定的目标、满足一定的需求，行为是人自身动机或需要做出的反映。其中对人的理解有不同的看法，本书认为，人的因素应包含生理和心理的需求。

二是行为受客观环境的影响，是对外在环境刺激做出的反应，客观环境可能支持行为也可能阻碍行为。

此外，人的需要得到满足后便构成新的环境，又将对人产生新的刺激作用。因此满足人的需要是相对的、暂时的。环境、行为和需要的共同作用将进一步推动环境改变，推动建筑活动的发展，这就是人类环境行为的基本模式。

三、人的行为习惯

人在长期的生活和社会发展中，由于人和环境的交互作用，逐步形成了许多适应环境的本能，这就是人类的行为习惯。

（一）抄近路

当人们确切地知道目的地的位置或是有目的地移动时，总是有选择最短路程的倾向。我们经常可以观察到，总是喜欢穿越草地到达目的地，久而久之，草地上便会形成人行便道。在道路的交叉路口，人们总不喜欢走人行天桥。室内的家具位置摆放不当，要绕道而行也会令人烦恼。因此在环境设计中要注意人们抄近路的行为习惯（图2-11）。

（二）识途性

识途是动物的习性。在一般情况下，动物在感到危险时会沿原路返回，人类也具有这种本能。当不熟悉路径时，人们会边摸索着到达目的地，而返回时，为了安全又寻找来路返回。在建筑设计中，如果体量庞大或路径特别复杂，最好在路径的节点处留有标志性的装置或特别布置，这样可让使用者不会产生迷路心理。

（三）左侧通行

在没有汽车干扰的道路和步行道、中心广场以及室内，当人群密度达到0.3人/m²以上时会发现行人们会自动地左侧通行。这可能是人们使用右手机会较多，形成右侧防卫感强而照顾左侧的原因，这种行为习惯对于商场商品的陈列、展厅的展品布置有很大的参考价值（图2-12）。

（四）左转弯

同左侧通行的行为习惯一样，在公园、展览会场，我们往往发现观众的行动轨迹有左

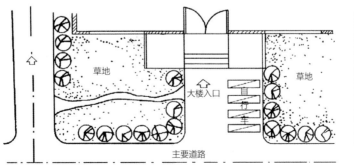

图2-11 抄近路的行为习惯

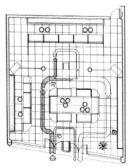

图2-12 商场中的顾客流线图

转弯的习惯。同样地，在体育比赛跑道回转的方向、棒球的垒的回转方向等运动中几乎都是左回转。这种现象对于室内楼梯位置和疏散口的设置及室内展线布置等均具有指导意义。

（五）从众习惯

从众习惯是动物追随本能，就是俗话说的"领头羊效应"。人类也有这种"随大流"的习惯。这种习惯对室内安全设计有很大的影响。

（六）聚众效应

学者对人群步行速度与人群密度之间的关系进行的研究表明，当人群密度超过 1.2人/m^{2}时，步行速度有明显下降的趋势。当空间的人群密度分布不均时，则会出现滞留现象，如果滞留时间过长，这种人群集结会越来越多，这种现象我们称为聚众效应。

类似从众习惯，人类还具有好奇的本能，日常工作中，如果出现有人大声喊叫或出现异常情况，附近的人都会向这个方向聚集，这就是聚众效应。

四、人的行为模式

（一）行为模式化依据

人的行为模式就是将人在环境中的行为特征总结概括，将其规律模式化，从而为建筑设计或其他环境设计提供理论依据和方法。

人的行为模式化依据是环境行为的基本模式。各种环境因素和信息作用于环境中的人和人群，人们则根据自身需要和欲望，选择或适应有关的环境刺激，经过信息处理，将所处的状态进行推移，作为改变空间环境的行为。

人的意识各不相同，因此有关人的情绪和思考的程序是很难模拟的，我们只能将与空间关系比较密切的行为特征模式化，并在一定时间和空间范围内进行模拟，以期创造出符合人的行为要求的新环境。

（二）行为模式分类

由于模式化的目的、方法和内容不同，人的行为模式也各不相同。

1. 空间行为模式

空间行为模式按其目的性，分为再现模式、计划模式和预测模式。

（1）再现模式：就是通过观察分析，尽可能忠实地描绘和再现人在空间里的行为。这种模式主要用于讨论、分析建成环境的意义及人在空间环境里的状态。

（2）计划模式：就是根据确定计划的方向和条件，将人在空间环境里可能出现的行为状态表现出来。这种模式主要用于研究分析将建成的环境的可能性和合理性等。

（3）预测模式：就是将预测实施的空间状态表现出来，分析人在该环境中行为表现的可能性、合理性等。该模式主要用于分析空间环境利用的可行性。我们从事的可行性方案设计主要就是这种模式。

2. 行为表现的方式

（1）数学模式：就是利用数学理论和方法来表示行为与其他因素的关系。这种模式主要用于科研工作。

（2）模拟模式：就是利用电子计算机语言再现人和空间之间的实际现象。这种模式主要用于实验。模拟对整体环境变动原因进行技术分析。在建筑设计中，模拟既可以对人的行为进行分析，也可对设计方案进行评价。

（3）语言模式：就是用语言来记述环境行为中人的心理活动和人对客观环境的反映。这种模式主要用于环境质量的评价。这也是常用的对环境行为的表达，即心理问卷法。首先测试者确定相关的问题，制成心理学测试表，分发给被试者。然后对测试的数据进行分析和处理，得出相关因子和评价。其次我们也经常用"显著性"的语言来描述人们在建成或将建成环境中行为的合理性，如合理、比较合理、不合理、很不合理等，也可以说这是心理学中的一种"顺序量表"。

3. 行为内容

行为模式按行为的内容可分为秩序模式、流动模式、分布模式、状态模式。

（1）秩序模式：就是用图表记录人在环境中的行为秩序，有的环境行为具有明显的排列顺序，是不可逆的，例如，人们在厨房内的炊事行为，包括拣切、清洗、配菜、烧煮四种行为，这里每一个行为都不可倒过来，这就要求厨房内的台板、清洗槽、灶台等设备布置应按照行为的秩序来排列，以满足使用要求。

（2）流动模式：将人的流动行为的空间轨迹模式化。这种轨迹不仅可以表现出人的空间状态的移动，而且反映了行为过程中时间的变化。这种模式对于研究特定环境下与其相关的人流量和经过途径具有重要作用。例如，我们研究人们在商场里的购物行为，通过流动模式的记录，不仅可以看出顾客流动线路的分布状况，还可以统计出顾客在各区域的停留时间，从而分析出商店内的商品陈列是否合理，交通路径是否便捷，以便改善环境的设计。此外，通过流动模式我们还可以分析出两个空间之间的密切程度，以便我们在做设计时将关系密切的空间靠近布置（图2-13）。

（3）分布模式：就是按时间顺序连续观察人在环境中的行为，并画出一个时间断面，将人们所在的二纬空间位置坐标进行模式化。这种模式用来研究人们在某一时空中的行为密集度，进而科学地确定空间尺度。

观察的方法主要有两种：一是用摄像法，即在观察点用摄像机记录人们的活动情况，并将观察点用2m画成直角坐标网，然后统计某一时刻各个方格网里的人数；二是计数法，即将观察点用2m画成坐标网，然后记录下不同时间内在方格网中的人数。记录时要分清移动和静态的人流，并根据分布特性进行数据处理。第一种方法主要用于研究室外广场上的人流分布，如市民广场上的人群空间定位；第二种方法主要用于研究室内公共空间里的人流分布，如阅览室内读者的空间定位。

（4）状态模式：基于自动控制理论，采用图解法的图表来表示行为状态的变化。这种模式主要用于研究行为动机和状态的变化的因素。例如，人们去餐馆可能是

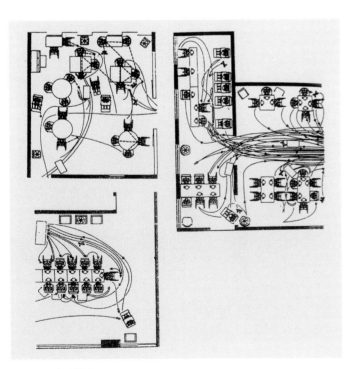

图2-13　流动模式

为了吃东西，也有可能是为了约会，不同的心理状态所引起的行为状态也是不同的。前一种行为迅速、时间短、对环境的要求不高；而后一种则表现出时间长、动作慢、对环境的要求高等特点。

五、人的行为与空间设计的关系

（一）确定空间尺度

根据环境行为的表现，我们可以将空间分成大空间、中空间、小空间及局部空间四种。

（1）大空间主要指公共行为的空间，如体育馆、图书馆、大剧场等。在这个空间里，个人空间基本是等距的，空间感是开放的，空间尺度是大的。

（2）中空间主要指事务行为空间，如办公室、教室、实验室等。这类空间既不是单一的个人空间，也不是相互间没有联系的公共空间，而是少数人由于某种事务的关联而聚合在一起的行为空间。这类空间既具有开放性，又具有私密性。确定这类空间的尺度首先要满足个人空间行为的要求，再满足与其相关的公共性事务的要求。

（3）小空间一般指具有较强私人行为的空间，如卧室、浴室等，这类空间具有较强私密性。这类空间尺度不大，主要满足个人的行为活动需求。

（4）局部空间主要指人体功能尺度的空间，该空间的大小主要由人的活动范围来决定。

其实，空间的大小是一个相对的概念。空间的大小首先应满足人的生理需要，其大小涉及环境行为活动的范围和满足这些环境行为要求的家具、设备等所占据的空间大小，另外要满足人的心理需求（知觉要求）。知觉要求的空间是变化的，如我们可以通过错觉等手段来改变人们对实际空间大小的体验。

行为空间和知觉空间是相互关联、相互影响的。不同的环境有不同的要求。当行为空间的要求超过一般的知觉空间要求时，则行为空间与知觉空间融为一体。如体育馆、电影院这样的大空间，一般的知觉要求均可以实现，不必再增大知觉空间。而有些情况下，行为空间尺度要求较小，如教室满足上课行为空间高度为2.4 m左右，但这样的空间给人们的心理感受比较压抑，所以要将净空间增高以满足人们的心理需求。可见，空间的大小是环境行为的要求和使用者心理知觉要求的综合体现。

（二）确定空间分布

研究人的行为状态、行为特征、行为习惯的主要目的在于合理确定人的行为与空间的对应关系，确定空间的连接、空间的顺序，进而确定空间的布置，即空间的分布。

不同的环境行为有不同的行为方式、不同的行为规律，也表现出不同的空间流程与空间分布。在环境设计时，如果空间行为具有明显的行为规律，譬如具有一定的先后次序，我们在设计时也要注意相应的秩序排列，即空间流程。如果空间排列违反行为规律，则会带来使用上的不便。

由于个人的行为特性、人际关系和环境场所的差异，人们在空间里的分布各不相同。通过观察可以看到，人们的分布图形大致呈聚块图形、随意图形、秩序图形等几种。聚块图形主要出现在广场等空间场所里，随意图形主要出现在休闲地、步行道等空间场所里，秩序图形主要出现在教室、剧场等空间场所里。在秩序图形的场所，人际关系是等距离的，受场所环境的严格限制，人的行为是有规则的，人的心理状态较紧张；而在休闲地，场所对个人没有约束，因而人的心理状态比较放松；在广场上，因人们之间的亲密程度不同，人际距离则大小不等，关系密切者聚在一起，各组团之间又呈现出较大的空间距离。

综上所述，行为空间的分布表现为有规则与无规则两种情况。

有规则的行为空间分布主要表现为前后、上下、左右及指向性等分布状态。

（1）前后状态的行为空间如教室、演讲厅、影院等。空间被分为大小、形状不同的两个部分，两个空间的距离要根据两种行为的相关程度和行为表现及知觉要求来确定。各部分的人群分布又根据行为要求，特别是人际距离来考虑。

（2）左右状态的行为空间，如展厅、画廊等。人群分布呈水平展开，并多数呈左右分布状态，这类空间分布具有连续性，故这类空间设计时主要考虑人的行为流程，确定行为空间的秩序，然后再确定空间距离和形态。

（3）上下状态的行为空间，如电梯、中庭等有上下交往行为的室内空间，在这里，人们表现为聚合状态，故这类空间关键是要解决疏散问题和安全问题。

（4）指向性状态的行为空间，如走廊、通道、门厅等具有显著方向感的空间，所以在设计这类空间时要注意人的行为习惯，空间方向要明确，并具有导向性。

无规则空间多指个人行为较强的室内空间，人们在这类空间中的排列多为随意图形，故要注意灵活性，能适应人的多种行为要求。

（三）确定空间形态

人在空间中的行为表现具有很大的灵活性，行为与空间形态的关系也就是内容与形式的关系。同样的内容可以有多种形式，相同的形式也可以有不同的内容，所以空间的形态是变化的，究竟采用哪种形式好，就要根据人在室内空间中的行为表现、活动范围、分布情况、知觉要求、环境可能性以及物质技术条件等诸多因素研究确定。

（四）确定空间组合

空间的大小、分布、形态确定后，就要根据人们的行为和知觉要求对空间进行组合与调整。对于单一的环境空间，主要是调整空间布局、尺度和形态，对于较为复杂的环境空间就要按人的行为进行室内空间组合，然后再进行单一空间的设计。

第四节

知觉与环境

一、视知觉与环境

（一）视觉特征

这里的视觉指的是视知觉的概念，即各种环境因素对于视觉感官的刺激作用从而表现出来的视知觉效应。视觉特征主要表现在以下几个方面。

1. 光知觉特征

光是人类的视觉物质基础，光的本质是电磁波，可见光谱是400~700 nm，眼睛对此范围内的光谱反应最有效。人对光的刺激反应表现为分辨能力、适应性、敏感程度、可见范围、变化反映和立体感等。

2. 色知觉特征

人们对颜色的反应主要表现在对色彩的明度、饱和度、色调的知觉和心理表现上。

3. 形状知觉特征

人们对形状的知觉表现为对图形和背景（图底关系）的知觉、良好的形态和空间形象的认识。

4. 质感知觉特征

由于光对物体表现作用的差异，物体表面呈现出质地的差异，人们对质感的视觉认知通常表现为不同质地所产生的纹理效果。

5. 空间知觉特征

人在空间视觉中依靠多种客观条件和机体内部条件来判断物体的空间位置，从而产生空间知觉。空间知觉表现为人对空间的认识，空间的开放性和封闭性。

6. 时间知觉特征

由于光对物体和环境作用的强度和时间长短的不同，人对环境的适应和辨别能力也不一样，这就是视觉的时间特性。

7. 恒常特征

人们对固定物体的形状、大小、质地、颜色、空间等特性的认识，不因时间和空间的变化而改变，这就是视觉恒常性。

由于环境因子刺激量和人的接受水平的差异，就算是同一环境，给人们的反应也是不同的。在众多因素中，光与色对环境氛围的影响最大。

（二）光与视觉

光对人类具有重要的意义与作用。光能照亮世界带给人们以光明，使人能够看清世界；光也具有杀菌作用，可以利用阳光治疗某些疾病；光能够创造出丰富的艺术效果，带给人们不同的环境氛围和心理感受。人类天生就具有向光性，但是光也对人类的健康造成许多不良影响。比如，在阳光直射下长时间工作很容易使人疲劳；过多的紫外线照射容易使皮肤发生病变；夏季过多的日光照射会造成室内温度上升；不合理的采光导致眩目反应伤害视力。因此，人们既要合理利用阳光，科学地进行采光和照明设计，也要通过选择采光方向和采光口的位置防范光对人们的负面影响。

1. 视觉机能

（1）视力。视力是眼睛对物体形态的分辨能力。视力一般与人的视觉生理有着密切的关系，并随着年龄的增长而改变。眼球不动的状态下，人们能看到的最鲜明的图像范围是2°左右，这个范围的视觉称为中心视觉。它的外侧模糊视角被称为周边视觉。在中心区，锥状体能充分发挥作用，而稍偏中心，视力就下降。暗处的视力以偏离中心5°为最佳（图2-14）。

此外，亮度与视力也有密切的关系。从亮度与视力的S形坐标中可以看出，在一定范围内，背景越亮视力越好，但具有一个上限和下限。亮度的实质是被照物体表面的光辐射能量。视网膜上的感光细胞对不同亮度的敏感程度是不一样的，只有达到一定亮度是才能发挥作用。同时由于眼的调节机能，具有收缩和放大作用，故其变化也有一定的范围（图2-15）。

（2）适应。同时对几个不同的刺激进行比较，人的感觉器官感受性变化的过程及其变化所达到的状态叫适应。

眼睛向暗处的适应叫暗适应，而眼睛向亮处的适应叫明适应，在暗视和明视之间还存在间视，即间适应。

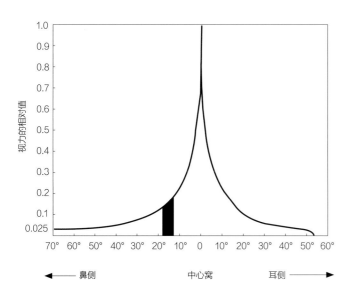

图2-14 视网膜位置与视力

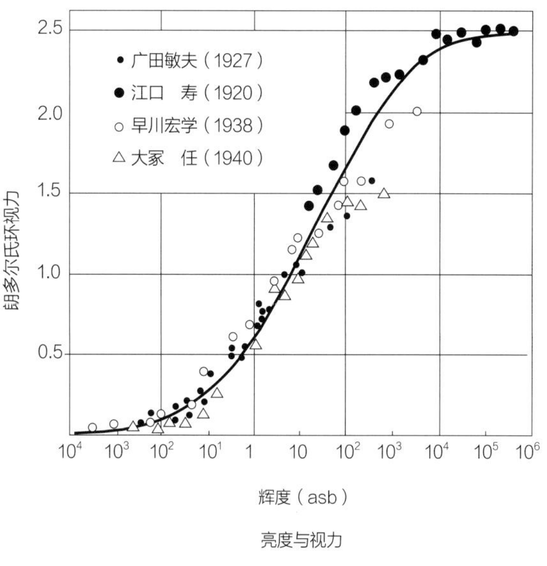

图2-15 亮度与视力

人类的视网膜包含两种光感受器，即同明视有关的锥状体细胞和同暗视有关的棒状体细胞。间视则是这两种细胞的共同作用。

人眼的明暗视觉见表2-1。

表2-1　人眼的明暗视觉

状态	明视	暗视
感受器	锥体细胞（约7百万）	杆状细胞（约1.2亿）
视网膜位置	靠中央，边缘较少	一般在边缘，中央没有
神经过程	辨别	累积
波长峰值	555毫微米	505毫微米
亮度水平	昼光	夜光
颜色视觉	有彩色	无彩色
暗适应	快	慢
空间辨别	分辨能力高	分辨能力低
时间辨别	反应快	反应慢

当人们由暗处进入亮处，瞳孔开始缩小，刚开始什么也看不见，慢慢地可以看见一些东西，这个过程大约需要1分钟；而从亮处进入暗处时，瞳孔开始放大，适应过程需要10分钟左右。

视觉的适应性对于建筑物的入口、隧道入口的影响很大。在入口，人们通常通过设置较多的日光灯照明系统使人能够适应环境的变化，避免人们在进入室内时出现一时间看不见的情况。

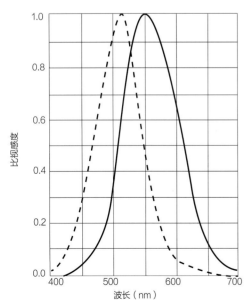

图2-16　比视敏度曲线

（3）视敏度。眼睛对某种波长的亮光的敏感程度称为视敏度。根据国际照明委员会的规定，最高视敏度为1，其他各波长的相对视敏度称为比视敏度。

视网膜的感光细胞锥状体和棒状体对不同光波的感受性不同。从图2-16中可以看到，锥状体在555nm处的阈值，即感觉的最小能量。因此，在明亮处，眼睛对波长555nm的黄绿色具有最高感受性。图中的另一条曲线，棒状体的阈值比锥状体低得多，其最小阈值也向左移动，并在650nm处结束，说明棒状体对波长510nm的绿色光的敏感度最高，而对650nm以上的红光则没有感觉。

当我们在黄昏时观察花园里的红花，起初由于锥状体的作用，红花色彩明显；当光线变弱后，绿叶的色彩看上去很显眼，红花则会变黑，这是棒状体的作用。这种红色视敏度下降，绿色视敏度上升的现象，称为浦肯野氏现象。

（4）视野。视野就是视线固定时眼睛所能看到的范围。如图2-17中显示的视野，中心部位，红、黄、绿、蓝等各色都能看清，而稍偏离中

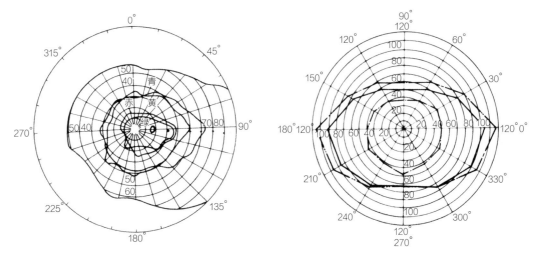

图2-17　右眼视野　　　　　　　　　　图2-18　头部固定时的静视野、动视野、注视野

心，先是看不清楚红绿色，再偏一点，色彩就分不清。这种现象表明了视网膜上各种感受体的分布情况。对明视起主要作用的锥状体构成了"色彩片"，对暗视作用的棒状体构成了"黑白片"。

　　视野的外缘右约100°，左约60°，上约55°，下约65°。中国人、日本人等东方人群的视野近似于水平向的椭圆形（图2-18）。

　　图2-19是头部固定时的视野状况，静视野是两眼静视的合成视野。动视野是让眼球自由运动，注视的范围大约停留在40°的界限内。在实际生活中，人们看物体，眼睛也是转动的，故视野范围要比图示范围大得多。

　　经验表明，人在室内，如果室内各围合空间的界面在视野范围以内，一般情况下，室内空间就显得太小或太压抑，反之就显得宽广。

　　（5）闪烁。人们为得到外界景象的正确性，眼睛就要尽快地将外界变化的映像映现在视网膜上，并使以前的映像消失，这种进光补偿的时间较短，大约不到1/10秒，如果超过这个界限，眼睛就会察觉光的变化。

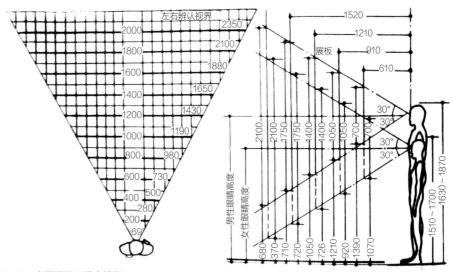

图2-19　水平视野、垂直视野

人们眼睛的这种会感觉到光的周期性时间变动的现象称为闪烁。1秒钟闪熄60次以上的闪光是不会感觉到光在变化。但如果1秒钟闪熄20次，就会感觉到闪光。如果1秒钟10次会感到闪光非常烦人。这种感觉取决于视网膜的映像的映现与消失的反复速度和光的闪熄速度之间的关系。

　　恰好能开始感觉到闪光时的光的闪熄频率称为临界融合频率。临界融合频率以下的闪光，无论是闪光源或是被照亮的物体都能直接地感受到闪光，这就是直接闪光效果。而对不能感到的快速闪光，如100或120Hz的荧光灯，可以用频闪观测器测量。

　　临界融合频率因亮度和视网膜的部位不同而变化，一般情况下，光越高其闪烁越明显。偏离视网膜中心越远则会感觉越明显，如侧视光源或被照物。

　　（6）眩光。眼睛遇到过强光，整个视野会感觉到刺激，使眼睛不能完全发挥机能，这种现象叫眩光，在眩光下瞳孔会缩小，以提高视野的适应亮度，因此降低了眼睛的视敏度。有时，眩光使眼球内流动的液体形成散射，就像帷幕遮住眼界，这就妨碍了视觉，这种眩光称为视力降低眩光，如白天眼睛正视阳关，夜晚眼睛正视迎面而来的汽车灯光都会出现这种情况。

　　另一种情况，一个很大的高亮度光源，悬挂在接近视线的高度上，会感到很刺眼，这就是不舒适眩光。它虽然不会降低视力，但给人感觉很不舒服。如看见阳光下的积雪，或透过窗户看室外明亮的积雪都会出现这种现象（图2-20）。

　　对不舒适眩光的感觉程度，黄种人与白种人是不一样的。就光源的辉度来说，黄种人是白种人的两倍，所以日本人和中国人更加讨厌眩光，这是因为黄种人眼睛里的黑色素较多，它吸收到眼球内的散射光。

　　不恰当的采光口，不合理的光亮度，不恰当的强光方向，均会在室内形成眩光现象。特别是展厅内的光设计尤其要注意避免眩光现象。对室内光环境要保证一定的均匀度，不要出现强光的直接刺激（图2-21）。

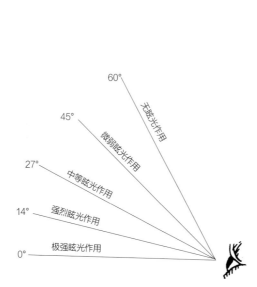

图2-20　发光体的角度与眩光的关系

图2-21　为防止眩光对视觉的影响，可提高窗口的高度或提高背景的相对亮度

（7）立体视觉。人的视网膜呈球面状，所获得的外界信息也只能是二维映像，然而人们却产生客观物体的三维立体视觉，这里的原因有客观环境图像关联因素，也有人的生理关联因素。

人的生理关联因素有：两眼视差、肌体调节、两眼辐合和运动视差。

两眼视差是指我们观看物体时，左右眼所产生的投影呈现稍微不同的映像。大脑将这两个不同的图像重合成一个立体图像再现出来。

肌体调节是指眼球的毛状肌使水晶体的曲率改变，而调节时的肌肉紧张感能判断物体的距离，因此能识别物体的立体图像。

两眼辐合是指观看物体时，两眼的视线趋于向内聚合的现象，此时两视线的夹角叫辐合角。辐合使两眼向内旋转的眼肌产生紧张感，为判断物体的深度提供了相关因素，通过大脑的作用产生立体视觉。

运动视差指单眼运动时，观察者在运动，视点也在变化，于是出现了连续视差。这种单眼运动的视差经过一段时间，就使大脑对运动景象作出立体性判断，从而产生立体感。

与客观图像关联的因素有图形的遮挡、线条的透视角度、明暗线索等（图2-22和图2-23）。图2-22中黑色圆的前面看上去有一个白色方块。

（8）视度。视度就是指物体能看得清的程度，这是建筑光学要解决的主要问题之一。

物体的视度与以下因素有关。

1）物体的视角。物体视角是指物体在观察者前面所张开的角，通常最小视角是看清物体所需要的视角。在白天的光线下，看清物体的视角为4°~5°，如果照度小，则视角要增加。

2）物体和背景之间的亮度对比。亮度在3~300msb时，对物体的识别比较敏锐；亮度再大时就会产生眩光，对物体识别的灵敏度会下降。对物体识别的灵敏度也随物体的尺度变化而变化，并随视角减少而减少。

3）物体的亮度。物体的亮度与物体表面材料的反光性质和表面光线的照度有关。

4）观察者与物体的距离。在视角和对比系数相同的情况下，观察者与物体的距离不同，眼睛对物体的分辨能力也不同。这是因为空气的不透明性引起的。一般称为雾气作用。物体与观察者距离越大，空气透明性越小，则雾气作用越强。所以在建筑细部处理时，在大气透明度小的地区，物体的尺度宜适当放大。

图2-22　空间关系是由明暗决定的1

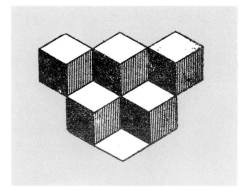

图2-23　空间关系是由明暗决定的2

5）观察时间的长短。当观察时间长时，一方面能对物体的细部进行细致推敲而加强了分辨能力；另一方面因有足够的时间达到视觉适应，能够很好地看清物体。

2. 光觉质量

光觉质量包括日照、天然采光和人工照明三个方面。

（1）日照。日光具有很强的杀菌作用，它是人体健康和人类生活的重要条件。如果长期得不到日照，人的健康就会受到影响。日照对人的情绪也有很大影响。因此许多国家都将日照列为住宅的设计条件，但是日照过多也会对健康不利，如何保证正确的日照涉及建筑物的日照时间、方位和间距；紫外线的有效辐射范围；绿化的合理配置；建筑物的阴影；室内日照面积等。

1）建筑物的日照时间、方位、间距。建筑物所需的日照时间根据建筑的性质不同而各有长短。如我国规定住宅类建筑在冬至日至少有1小时的满窗口有效日照。建筑的朝向朝南或适当地偏东偏西。建筑物的间距在1∶1.1以上。

2）紫外线的有效辐射范围。对于医院、幼儿园、疗养院之类的建筑，不仅要有良好的日照，还要有一定的紫外线辐射，这样可以杀菌和保证室内环境的健康。这主要是选择好建筑物的地点和确定室内采光口的位置及大小。

3）绿化的合理配置。在建筑西侧种植绿化可以减少夏季阳光对室内的辐射。

4）建筑物的阴影。建筑物的阴影可以增强室内或室外建筑的视觉形象。在夏天，阴影可以减少夏季的热辐射，人们经常采用的方法是设置移动窗帘和活动遮阳关板。

5）室内日照面积。室内日照面积主要是通过采光口获得的。采光口的大小需通过计算来测定，其有效面积是阳光射到地板上的面积。

（2）天然采光。天然采光对人们的生产与生活都具有重大意义。长期处于不良采光条件下工作与生活，会使视觉器官感到紧张和疲劳，引起头痛、近视等机能衰退和其他眼部疾病。采光对人们的工作效率也有很大的影响。随着采光条件的改善，人们对物体的辨别能力、识别速度、远近物体的调节机能也随之提高，从而提高工作效率。另外，良好的采光条件对大脑的皮质层能起到适当的兴奋作用，可改善人体的生理机能和心理健康。

室内利用采光口进行天然采光，主要考虑要有充足的光线，此外还要考虑光线是否均匀、稳定，光线的方向以及是否会产生阴影或眩光等现象。

室内光线是否充足取决于天空亮度的大小，采光质量由采光口的数量、间距、形状、大小、距离地面的位置高低等决定。

一般防止眩光的手段有两种：一是提高背景的相对平均亮度；二是提高窗口的高度，使窗下的墙体对眼睛产生一个保护角（图2-24）。

（3）人工照明。人工照明的主要目的是保证人们看得清、看得舒适，这也是渲染室内环境气氛的重要手段。

人工照明的方法一般有三种：均匀照明、局部照明、重点照明。

均匀照明是以一种均匀的方式去照亮空间。这种照明的分散性可有效地降低工作面上的照明与室内环境表面照明之间的对比度。均匀照明还可以用来减弱阴影，使墙角变得柔和。

局部照明是指为了满足某种视力要求而照亮空间的某一块区域。其特点是光源安放在工作面的附近，效率较高。

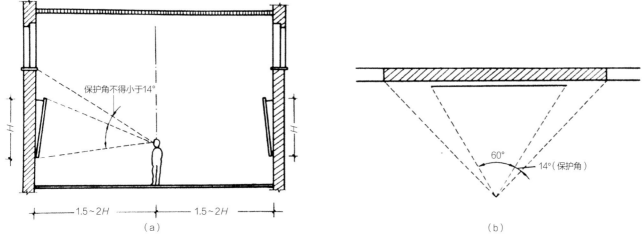

（a）竖向保护角；（b）水平保护角

图2-24　竖向保护角、水平保护角

　　重点照明是局部照明的一种，它可产生各种聚焦点以及明与暗的有节奏的图形。它可以缓解普通照明的单调性，突出房间特色或强调某种艺术品。

　　人工照明的质量是指光照技术方面有无眩光和眩目的现象，照度均匀性、光谱成分及阴影问题。

　　所谓眩光是指视野中发光表面亮度很大时会降低视度的现象。这种现象使眼睛不舒服，降低了视度，这就是眩目。眩光是发光表面的特性，眩目是眼睛的生理反应。眩光取决于光源在视线方向的亮度，其眩目程度取决于背景的亮度。眩光与光源在视野中的位置有关。

　　在工作面上的照度应该满足一定的均匀性。如果视场中各个部分的照度相差悬殊，人的瞳孔需要不断放大缩小以适应各种条件，这样就容易引起视觉疲劳。因此光源布置应力求工作面上的照度均匀性。同时整个室内也要求一定的均匀度，环境照度应不低于工作面应有照度的10%，同时不低于10lx。

　　光源的光谱成分对于识别物体颜色的真实性影响很大。白炽灯与日光光谱区别大，所以不能使人正确区分颜色的色调。因此对于严格要求区分颜色的房间不宜采用白炽灯，改进方法是加滤光器或采用改进后的光源来照明。

　　综上所述，良好的光源质量，应保证被照面有足够的照度，光线均匀稳定，被照面上没有强烈的投影，不产生眩光等。

　　（4）光知觉在建筑设计中的应用实例分析。

　　1）相对亮度——安藤忠雄：光之教堂。相对亮度：人们可以看见事物的亮度主要取决于整个视域内亮度值的分配状态，取决于它在某一特定时刻所形成的整个亮度梯队中所占位置。某一特定区域之内，如果亮度值以同样比例改变，则该区域内的每一件事物亮度看上去都"不变"，然而，一旦改变其中物体亮度值的分布状态，所有的物体亮度值都会随之改变。在光之教堂的设计中，建筑师首先将整个建筑体量设计成为封闭的体块，从而将建筑外围的光线阻断，之后在体块的一端留出两条缝隙组成一个基督教的十字。从缝隙中投射的日光与教堂内部的环境亮度值形成了相对亮度。其次，光线的均匀变

光之教堂外立面

光之教堂顶面的亮度变化

光十字周围的暗角　侧墙的亮度变化

亮度的梯度变化分析

图2-25　光之教堂

图2-26　西扎的博物馆设计

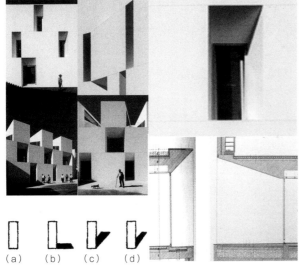

(a)　(b)　(c)　(d)

图2-27　萨尔堡疗养院

化使空间纵深感也被加强了，在视觉上将建筑的体量拉长，黑暗突出了十字的明亮，增加了宗教神秘感（图2-25）。

2）照明度——西扎：博物馆设计。照明度指在没有任何先入为主的知识影响下，人眼所看到的现象。一个被光线均匀照射着的物体，我们从中根本就看不出任何表现它从另一个地方接受光线的迹象，它的光线完全是作为它自身的客观性质显现出来。而"由光线产生的空间效果"则是在"照明度"和"相对亮度"的配合下对空间的视觉感受发生的变化，人眼会把亮度的变化感受为被照事物的空间属性，所以可以利用这一点来调节空间的视觉深度与广度。在西扎的博物馆设计中，环形廊道中的顶部被部分打开，由于光线的介入，墙面的相对亮度得到了提升，同时高亮度的区域也吸引人们向着光线的指引前进，这里充分体现了光线的引导性和光与艺术的结合之美（图2-26）。

3）阴影——马特乌斯：萨尔堡疗养院。阴影是光的另一面，它可以增加物体在视觉立体感上的强大作用和增加艺术效果。在萨尔堡疗养院的设计中，窗户的设计使立面在阳光的照射下变得立体，雕塑感增强，长排的连续立面产生了动人的韵律关系（图2-27）。

（三）色与视觉

色彩的视觉现象

（1）色觉。色觉是视觉器官在色彩刺激作用下由大脑引起的心理反应，即不同波长的光线对视觉器官产生物理刺激的同时，大脑将接收到的色彩刺激信息不断转译成色彩概念，并与大脑中的视觉经验结合起来，加以解释形成了颜色知觉（图2-28）。

色觉的生理基础是光对色膜的颜色区的刺激作用。在正常视觉中，视网膜边缘是全色盲，锥体细胞是感色细胞，它集中在中央视觉，而边缘视觉主要由棒状细胞组成，棒状细胞只能分辨明度，颜色分辨能力弱，眼睛感受到颜色饱和度降低，直到色彩消失。

（2）色彩对比。视野中的一个颜色的感觉会受到它邻近的其他色彩的影响而发生变化的现象称为色彩的对比。不同的色彩互相影响，我们将之分成诱导区和注视区。比如在红色纸片上放上一片灰色的小纸片，注视灰色几分钟，就会发现灰色略带绿色。如果背景是黄色，则纸片略带蓝色。这是常见的色彩同时对比的现象。每种颜色都会对相邻的色彩诱导出其补色。或者，由于两种颜色互相影响而使每种颜色向另一种颜色的补色方向变化。

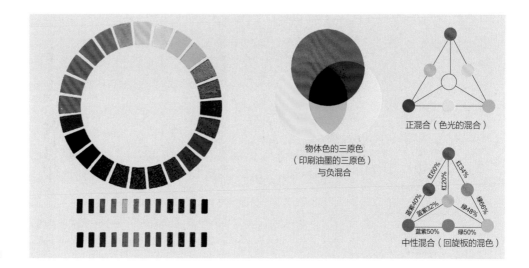

图2-28 色彩的基本属性

正混合（色光的混合）

物体色的三原色
（印刷油墨的三原色）
与负混合

中性混合（回旋板的混色）

  色彩对比的这种现象在明度方面也有表现。在白色背景下的灰色纸片显得略暗，而同一张纸片放在黑色背景下显得亮，这就是颜色明度对比的例子。

  另一种色彩对比现象是继时性颜色对比。在灰色背景上注视一块颜色几分钟，然后拿走纸片，然后就会在背景上看到原来的颜色的补色，这种颜色后效现象称作负后象，也会出现明度方面的负后象。

  （3）色恒常。物体的颜色随照度大小及光谱的特性变化而变化，但在日常工作中人们一般可以正确地反映事物本身固有的颜色，而不受照度的影响，物体的颜色看起来是相对恒定的，这种现象称为色恒常。

  （4）色彩知觉效应。由于联想的作用，色彩一般能产生一系列的色彩知觉心理效应，包括温度感、距离感、重量感、疲劳感、注目感、空间感、尺度感、混合感、明暗感、性格感等。

  其中注目感指的是色彩的诱目性，就是指在无意观看的情况下，容易引起注意的色彩性质。具有诱目性的色彩，从远处就能识别出来，建筑的诱目性主要受其色相的影响。色光的诱目性顺序是红>青>黄>绿>白；色料的诱目性顺序是红>橙色及黄色。如殿堂、牌楼等的红色柱子，走廊及楼梯间辅设的红色地毯就特别引人注意。

  建筑色彩的诱目性还取决于它本身与其背景的对比关系。如在黑色或中灰色的背景下，色彩诱目性的顺序是黄>橙>红>绿>青，在白色背景下，色彩诱目性的顺序是青>绿>红>橙>黄。

  色彩明度变化越大，色彩彩度越高，越容易使人感到疲劳，暖色系色彩比冷色系色彩容易使人感到疲劳，绿色的疲劳感则不明显。

  （5）色错觉。通常人们在长时间受到某种光线直射和反射后，会产生与其原色相补色的色知觉。这是由于生理上的视觉机能和心理的逆反效应受生理的视觉机能制约的结果。色彩心理学认为，当某种色彩锥体细胞疲劳时，其补色的锥体细胞就兴奋，反应敏捷，一触即发，并将捕捉到的微弱的光刺激反映给大脑。色平衡心理使这个微弱的信号在知觉中能得到明显的反应，从而形成了不同于原色的色彩知觉。比如，同样宽的红、白、蓝三色带，在色知觉中会感到白色带较宽。

（四）形态与视觉

1. 形态知觉

德国格式塔心理学派对物体形态的知觉做了大量的研究，并积累了丰富的成果。格式塔又叫完形，指伴随知觉活动所形成的主观认识。格式塔有两个基本特征：①整体大于部分之和。它是一个完全独立的新整体，其特征和性质都无法从原构成中找到。②变调性。格式塔即使在它大小、方向、位置等构成改变的情况下也仍然存在和不变。此外，格式塔的含义还包括视觉意象之外的一切被视为整体的东西，以及一个整体中被单独视为整体的某一部分。

格式塔的生理基础是客观环境的形态作用于人的视感观，通过内在分析器在头脑中形成的视觉效应。它的心理基础是人的推理、联想和完成化的倾向。格式塔的心理美学是把审美知觉看成诸感官对整体结构的感知，图形的艺术特征要通过物质材料造成这种结构完形，唤醒观赏者身心结构上的类似反应。当不太完美，甚至有缺陷的图形出现在人们的视觉区域时，人们的视觉活动中表现出简化对象形态的倾向，即格式塔需要，会以积极的知觉活动去改造它，或以想象去补充、变形，将其视为一个"标准形"，使之达到简洁完美。

根据格式塔心理学，关于为什么垂直线和水平线比倾斜线更合适作为视野界线的边框；什么样的局部容易形成一个整体；什么样的图形会产生恒常视觉和错视觉；符合什么样的秩序，形态会更美等问题都可以找到答案。

2. 图形与背景

格式塔心理学认为，人们感知客观对象时并不能全部接受其刺激可得的印象，总是有选择地感知其中的一部分。当我们注视某一个形态时，即使这两种形态差异不明显，人们也会感知到其中某一部分形态在前，另一部分在后的情况。我们将浮在上面的形态叫作图形，退在后面的部分称为背景。这种图底关系的现象，早在1915年就以卢宾的名字来命名，称为卢宾反转之壶（图2-29）。

在观看卢宾反转之壶时，有的人观察到了杯子，而有的人观察到了两个头影，关键是观察者将注意力集中在图形中的哪一个部分。同时知觉两个图形的情况是比较少见的。观看图形时哪个是图，哪个是底主要取决于某些图形的突出程度，而突出程度又可以通过加强某些图形的色彩和轮廓线的清晰度、新颖度、内在质地的细密程度来决定（图2-30）。一般情况下，图底差别越大，图形就越容易被感知；如果图底关系相差不大，则容易产生反转现象。关于图形建立的条件有以下几点。

（1）面积小的部分比大的部分容易形成图形。

（2）同周围环境的亮度差，差别大的部分比差别小的容易形成图形。

（3）亮的部分比暗的部分容易形成图形。

（4）暖色部分比冷色部分容易形成图形。

（5）向垂直、水平方向扩展的部分比斜向发展的部分容易形成图形（图2-31）。

（6）对称部分比非对称部分容易形成图形（图2-32）。

（7）幅宽相等的部分比幅宽不等的部分容易形成图形（图2-33）。

（8）与下边相联系的部分比上边垂落的部分容易形成图形（图2-34）。

（9）运动的部分比静止部分容易形成图形。

图2-29　卢宾反转之壶　　　　　　　　图2-30　埃舍尔图底反转图形

3. 图形的建立

如何使某些形态显现为可见部分，形成图形，使某些形态隐退为背景，格式塔心理学派的先驱者韦特墨做了大量的研究，下列的一些规律也是图形建立的条件。

（1）位置接近的形态容易聚合成图形，即接近因素。

（2）大小渐变的部分容易形成图形，即渐变因素。

（3）朝同一方向的部分容易聚合形成图形，即方向因素。

（4）相似部分容易聚合形成图形，即类似因素。

（5）对称容易形成聚合图形，即对称因素。

（6）封闭形态容易形成聚合图形，即封闭因素（图2-35）。

（7）接近因素也容易形成聚合图形。

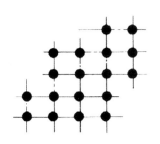
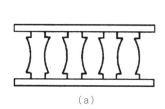
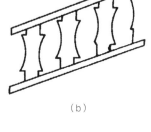

图2-31　垂直或水平易形成图形　　图2-32　对称易形成图形

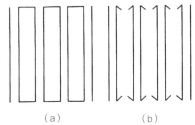

图2-33　辐宽相等易形　　图2-34　与下部分相联系易形　图2-35　封闭易形成图形
　　　　成图形　　　　　　　　　成图形

4．图形的视觉特征

图形的视觉特征主要表现在以下几个方面。

（1）任何一种几何图形其形态大小都是相对的视觉概念。

（2）稳定的图形一般都具有客观几何图形的特征。

（3）环境中的任何一种几何形体又都具备主观视觉特征。

（4）客观几何图形具有恒常性。

（5）形态视觉中会出现错觉。

5．图形组织中的知觉力

任何一个整体的图式都包含着一个力的结构，我们在观看图形时往往会感受到一种有方向感的张力，这种力并不是实际存在的物理力，而是一种知觉力，它包含在各种大小、位置、形状、色彩等要素的一切感知过程内部。由于这些要素具有量和方向，因此这种力也被描述为"心理力"。当图形的结构中展现出一种不安定性，这种不安定性会促使心理产生某种驱动力，使图形离开原定位置向某一方向运动（图2-36～图2-44）。如图2-36所示，在（a）中，圆形似乎向着正方形的中心移动，在心理上产生一种向心的拉力，在（b）中，圆形有下落趋势，因此心理上产生一种垂直向下的力。

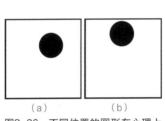

（a）　　　　（b）

图2-36　不同位置的圆形在心理上产生向不同方向运动的力

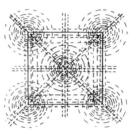

图2-37　正方形内的知觉力的结构

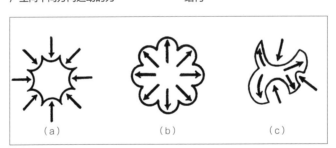

（a）　　　　（b）　　　　（c）

图2-38　张力与引力

图2-39　波托盖希所绘制的动力场

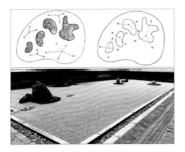

图2-40　阿恩海姆对日本园林中的枯山水的形状和位置所产生的张力与引力的分析。张力是一种扩散发展的趋势，而引力则是一种向心收缩的趋势

图2-41　一般而言，空旷广场上的中心建筑都会对该广场产生一种引力，使之从属于自己

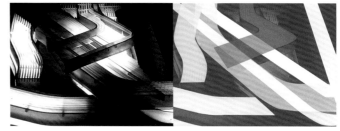

图2-42 1931年，马克思·彼尔，几何抽象构成。由圆心偏移所产生的向中心偏移的力

图2-43 来自同方向的三角形的聚集产生的动感，产生一种紧张的力

图2-44 来自曲线形式的缓和的力

建筑设计中，建筑造型中所体现出的张力，比起绘画与雕塑的视觉张力要更多一个层次，这就是空间的张力。以里伯斯金设计的犹太人博物馆为例，该建筑无论在立面生成、空间构成还是建筑结构的选取中都体现出了设计者对视觉力的控制与利用。该博物馆用地的形态基本接近等腰三角形，而设计师使用了锐角折线的形态，从而给予场地一个明显的向外扩张的动势，使人感受到"运动"。在博物馆的"霍夫曼花园"设计中，里伯斯金使笛卡尔坐标体系二维旋转，49根6m高的方柱排列成混凝土的柱林，随着地面倾斜10°，柱子也随之倾斜，而不垂直于地面，从而体现了犹太人逃亡到陌生国度的迷惘和彷徨。因此，根据格式塔心理学中的环境错视原理（重力场和视觉经验产生矛盾），参观者会潜意识地调整身体的位置而失去平衡（图2-45～图2-47）。将这个博物馆与康定斯基的绘画作品进行比较，我们会发现其中具有异曲同工之处，都是具有倾斜的造型，由此产生动感与张力（图2-48）。

"如果想要使某个式样包含倾向性的张力，最有效和最基本的手段就是使它产生定向倾斜。倾斜被眼睛自觉地知觉为从垂直和水平等基本空间定向的位置之间产生一种紧张的力，使偏离了正常位置的物体似乎想要回到正常位置上。它看上去或是被那个空间定向所吸引或是被它排斥，或者是干脆脱离了它。"

图2-45 里伯斯金设计的犹太人博物馆

6. 错视图形

错视图形是视觉图形中的一种特殊现象，是客观图形在特殊视觉环境中引起的视觉反映。它既不是客观图形的错误，也不是观察者视觉的生理缺陷。错视图形基本上分成两大类：一类是数量上的错觉，它包括在大小、长短、远近、高低方面引起的错觉，另一类是方向上的错觉，包括平行、倾斜、扭曲方面引起的错觉。

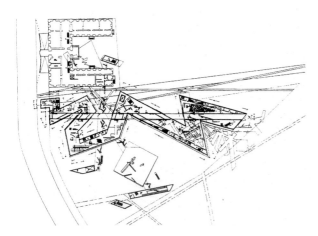

图2-46 里伯斯金设计的犹太人博物馆1

图2-47　里伯斯金设计的犹太人博物馆2　　　图2-48　康定斯基的绘画作品

　　错视在建筑设计中也有广泛的应用。例如，罗马的万神庙穹顶的凹格划分了半球面，凹格越往上越小，人站在神庙中央往上看时，感觉穹顶比实际要大、要高。这使穹顶中央象征天堂的大孔洞显得那样神秘和遥不可及，极大地增加了神庙的感染力和震撼力（图2-49）。

　　在威尼斯的圣马可广场和罗马的圣彼得广场设计中，为了突出中心建筑，将广场两边的建筑略倾斜成梯形，这是文艺复兴时就使用的手法，一般沿梯形广场的两边修建高度相同的建筑，入口放在窄边，它面对广场端头的主要建筑，这样，广场显得比实际宽，而广场端头的建筑显得比实际更高（图2-50）。

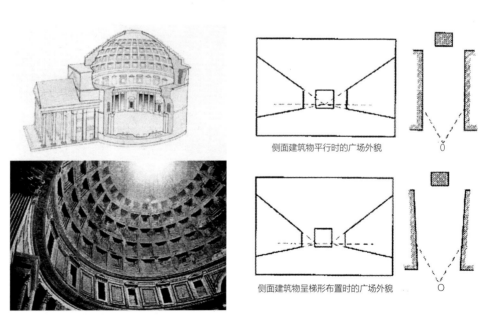

图2-49　罗马万神庙的穹顶　　　　　　　图2-50　错视在广场设计中的应用

（五）质地与视觉

1. 质地的知觉

质地是物体的三维结构产生的一种特殊品质。材料的质地知觉依靠人的视觉和触觉来实现。

光作用于物体的表面，不仅反映出物体表面的色彩特性，同时也反映出物体表面材料质地的特性。物体表面的特点和性能在视知觉中产生了一个综合的印象，并反映出物体表面光和色的特点。

视觉对质地的反映有时是真实的，有时是不真实的。此外，物体表面的质地还可以通过触觉来感知。人的皮肤对物体表面的刺激作用十分敏锐，尤其是手指的知觉能力特别强。依靠手指皮肤中的各种感受器，可以知觉物体表面材料的性能、物体表面的质地、物体的形状和大小。

触觉对物体表面的知觉，结合视觉的综合作用及以往的经验，将获得的信息反映到大脑，从而知觉出物体的质地。

2. 质地的视觉特征

物体表面材料的物理力学性能、材料的肌理，在不同光线和背景作用下，会产生不同的质地视觉特性。

（1）重量感：由于经验和联想，材料的不同质地给视觉造成了轻重的感觉。

（2）温度感：由于色彩的影响和触感的经验，不同材料形成了不同的温度感。

（3）空间感：在光线的作用下，物体表面的肌理不同，对光的反射、散射、吸收造成了不同的视觉效果。表面粗糙的物体，给人的感觉比较近。相反，表面光滑的物体给人感觉较远。因此，物体表面材料肌理对光线的影响，会造成室内视觉空间大小不同的感觉。

（4）尺度感：由于视觉的对比特性，物体表面和背景表面材料肌理不同，会造成物体空间尺度大小不同的视觉感。如果物体粗糙，在尺度上会有缩小的感觉；如果物体表面光滑，在视觉尺度上有放大的感觉。

（5）方向感：物体表面材料纹理不同，会产生不同的指向性。

（6）力度感：物体表面材料的硬度会使触觉产生明显的感觉。如石材给人感觉很坚硬，棉麻给人感觉很柔软。

（六）空间与视觉

空间是建筑的目的与内容，而结构、材料、照明、色彩和装饰等则是建筑的手段。以空间容纳人，满足人的行为需要，以空间的特性来影响环境气氛、满足人的生理和心理的需求（图2-51）。

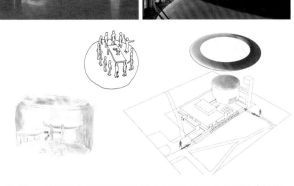

图2-51 捷克神圣雷斯迪图塔教堂内部空间的视觉效果是由结构、材料、色彩共同作用的结果。特别是一圈彩色玻璃环绕着教堂的屋顶，反射着天空，并将七彩色光引入屋内，给人带来丰富的视觉效果

1. 空间知觉

空间知觉是人脑对空间特性的反映。人眼的视网膜是一个二维空间的表面，但是人们却能看见三维的视觉空间。空间视觉是视觉的基本功能之一，而这种视觉机能的认知过程及影响因素十分复杂。

人眼在空间视觉中依靠很多客观条件和机体内部条件来判断物体在空间中的位置。这些条件被称为深度线索。如一些外界物理条件、单眼和双眼视觉的生理机制以及个体的经验因素，在空间知觉中起到重要作用。由于大脑的综合作用才能感知物体的空间关系。

空间知觉的主要因素有以下几点。

（1）眼睛的调节。人们在观察物体时，眼睛的水晶体会调节变化，以保证视网膜获得清晰的视象。观看远处的物体时，晶状体比较扁平；近看物体时，水晶体较突起。眼睛调节活动传给大脑的信号则是估计物象距离的依据之一。但这种调节只能在10m之内起作用。

（2）双眼视轴的辐合。在观看一个物体时，两眼的中央窝对准对象，以保证物象的影像落在视网膜感受性最高的区域，获得清晰的视觉。在两眼对准物象的时候，视轴必须完成一定的辐合运动。看近物，视轴趋于集中，看远物，视轴趋于分散。控制两眼视轴辐合的眼部肌肉运动提供了关于距离的信号给大脑，也就感知了物体的距离，视轴的辐合只在几十米的距离起作用。

（3）双眼视差。观看物体时，两眼从不同角度来看这个物体。左眼看到的物体左边多一点，右眼看到的物体右边多一点，这就在两个视网膜上感受到不同的视象，这被称为双眼视差。双眼视差以神经兴奋的形式传给大脑皮层，便产生了立体知觉。

（4）空间视觉的物理因素。物体的互相遮挡也是距离的线索，亮的物体显得近，灰暗或阴影中的物体显得远；此外还有诸多物体透视要素使视觉能感知物体的空间距离。

2. 视觉界面

界面是指物质空间的空间范围。视觉界面是指被人看到的空间范围。物质空间界面是无限的，视觉界面是有限的。

视觉界面分客观视觉界面和主观视觉界面。客观视觉界面是指组成物质空间所有物体的表面，如建筑物的顶棚、地面、门窗、家具设备等。主观视觉界面是指由视知觉感知到的界面，它同样具有形状、大小、方向等视觉特性。

图2-52是甘尼兹（Kaniza）于1955年提出的错视图形。三个扇形圆盘和不连续的三个黑色三角组成了一个白色三角平面，由于圆盘和黑色三角的作用，白色三角形平面与黑色三角形构成图底关系，明显地可以看出白色三角形盖在黑色三角形的上面，并有一定的距离，这就是深度线索，又称内隐梯度或内隐深度。这个白色三角形平面称为主观图形或错误轮廓。

实验表明，白色三角形平面的存在是由于客观图形的圆盘和黑三角的存在。如果改变圆盘的明度或改变圆盘和黑三角的距离，如由小变大，那么这种主观图形就不明显，内隐深度也会逐渐消失。

这种主观轮廓的现象和原理在图像的场景分析和"机器人视觉"中已经得到广泛的运用。这也是构成空间的重要因素，当我们取消一面墙或是在墙上开一个洞，它的边界只要在视野范围内，人们均会感觉

图2-52　甘尼兹错视图形及明度变化的影响

图2-53　用玻璃制作的实体界面由于透明性产生虚界面的视觉特征

图2-54　人的行为空间往往是实体围合而成的虚空间

到它的存在，这个图形就是主观视觉界面，如果这个洞上有玻璃或水幕，那么这个洞所形成的界面虽然是由玻璃或水幕组成的客观界面，但它具有虚的界面的视觉特征（图2-53）。

3. 空间的构成

任何空间都是由不同虚实视觉界面围合而成的（图2-54）。空间形成的主观因素是视知觉中的推理、联想和完成化的倾向，客观因素是物质材料构成的图形。由于主观界面是由客观界面的特殊空间位置形成的，故空间的本质就是物质。宇宙是无限的，在空间中，一旦放置了一个物体，则物体与物体的多种关系在视觉上建立了联系，就形成了空间。因此，空间形成的基本原因是主客观视觉界面。

根据人的行为及其与环境交互作用的观点进行空间划分，可将空间分成相互关联、共同作用的三个部分，即行为空间、知觉空间和围合结构空间。

行为空间包含人及其活动范围所占有的空间，如人站、坐、卧等各种姿势所占有的空间，人在生活和生产过程中占有的活动空间；知觉空间即人的生理及心理需要所占有的空间；围合空间则包含了构成室内外空间的实体，这是构成行为空间和知觉空间的基础。应该指出的是，行为空间和知觉空间并不是截然分开的，行为空间和知觉空间是共同描述人的生理与心理活动的两个方面，因此这两个部分也是相互关联、共同作用的，它们与围合空间共同确定了室内空间的形态和大小。

4. 空间视觉特性

根据图形的视觉特征，物质空间具有大小、形状、方向、深度、质地、明暗、冷暖、稳定、立体感和旷奥度等视觉特性。

空间的特性主要依靠人的感觉系统，尤其是视觉系统，它几乎可以感知空间的所有特性。但人的听觉、肤觉、运动觉、平衡觉和嗅觉也可以为识别空间的大小发挥作用，利用肤觉能知觉空间的质地，利用运动觉和平衡觉能知觉空间的方向。这些概念为残疾人的无障碍设计提供了理论依据。

（1）空间大小。空间大小包括几何空间尺度的大小和视觉空间尺度的大小，几何空间的大小是不受环境因素影响的，而视觉空间的大小则是由比较而产生的概念。

视觉空间大小包含以下两种观念。

一是围合空间界面的实际距离的比较，距离远的空间大，距离近的空间小；实的界面多的空间显得"小"，虚的界面多的空间显得"大"。此外，它还受其他环境因素，如光线、颜色、界面质地等因素的影响。一般来说，浅色、明亮又光滑的空间在知觉感受上要显得更大一些。

二是人和空间的比较，尤其在室内，人多了，空间显得小；人少了，空间显得大。

室内空间尺度的大小取决于两个主要因素：一是行为空间尺度，二是知觉空间大小。

通常，室内空间小中见大的方法有以下几种：一是以小比大，当室内空间较小时，可采用矮小的家具、设备，造成视觉的对比。二是以低衬高，当室内净高较小时，常采用局部吊顶，造成高低对比，以低衬高。三是划大为小；四是界面的延伸，当室内空间较小时，有时会将顶棚与墙面相交处设计成圆弧形，将墙面延伸至顶棚，使空间显得大。此外，光线、色彩、界面质地的处理也可以使空间显得宽敞。

（2）空间形状。任何一个空间都有一定的形状，它是由基本几何形的组合、变异而构成的。

（3）空间方向。通过室内空间各个界面的处理、构配件的设置和空间形态的变化，可使室内空间产生很强的方向性。

（4）空间深度。空间深度是指与出入口相应的空间距离，它的大小会直接影响室内景观的景深和层次。

（5）空间质地。空间质地取决于室内空间各个界面的质地，它对于室内环境气氛有很大影响。

（6）空间明暗。这是由室内光环境和色环境的艺术处理而决定的。

（7）空间冷暖。空间冷暖，在设备上取决于采暖和空气调节，而在视觉上则取决于空间各界面、家具、设备等各表面的色彩。一般来说，采用冷色调的空间即有冷的感觉，反之则有暖的感觉。

（8）空间旷奥度。空间的旷奥度即空间的开放性与封闭性。

5. 空间旷奥度

（1）旷奥度的意义。空间的旷奥度指的就是围合空间界面的封闭程度，归根到底就是围合表面的洞口大小，多数情况下是指门窗、洞口的位置、大小、方向，包含侧窗、天窗和地面的洞口（图2-55）。

实践证明，长期在封闭性很强的空间里工作，对人的生理与心理都是有伤害的，会导致"建筑病综合征"，有的称之为"闭合恐怖征"。患有这种病症的人，精神疲惫、体力下降、抗病能力降低，这就说明，人是不能长期脱离室外环境生活的。相反，如果室内空间非常通透，不仅会给实际生活带来一定的困难，而且也使居住者感到私密性缺

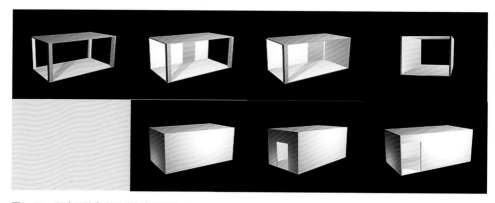

图2-55 围合面的多少对旷奥度的影响

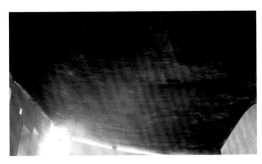
图2-56 朗香教堂的屋顶和墙体的交接处理

失，受到别人的干扰，会使其患上"广场恐怖征"。

如何掌握空间开放或封闭的程度就是空间旷奥度的问题。

（2）旷奥度的视觉特性。旷奥度随着虚实视觉界面的数量而变化。实的视觉界面的数量越多，则空间的封闭性越强；反之，则空间开放性越强。

如果是长方体，其虚实的界面设在短边方向或墙角处（两个墙面的交界处，即转角窗，或在顶墙交接处设高窗），其室内空间开放性要比虚的界面设在长边更强。这是形体指向诱导的结果。如朗香教堂的屋顶和墙体的交接方式，这使屋顶有"飞来"感，使室内空间开放感增强（图2-56）。

如果不想改变室内容积，我们可以通过减小顶面的面积使室内空间显得开敞（即层高高时显宽敞）；反之，则显得压抑。

如果室内空间尺度不变，当我们改变顶棚的分格大小，则空间的旷奥度也随之改变。顶棚分格比不分格要显得宽敞。如中国传统建筑中藻井的做法就会使建筑在视觉感受上显得更高些。

空间尺度不变时，如果在顶棚或地面上挖一个孔洞，形成上下贯通的空间，则室内显得宽敞。

如果改变家具和设备的数量和尺度，或者改变室内光照度的大小、色彩的冷暖都可以改变空间的旷奥度。

空间的旷奥度与空间相对尺度有关。当室内净高小于人在该空间里的最大视野的垂直高度时，则空间显得压抑；当室内净宽小于最大视野的水平宽度时，则空间显得狭小。此时的视点应是室内最远的一点。

由此可见，空间空旷度同围合空间的各个实的界面数量有关，同虚的界面的位置、大小和形状有关，同室内家具、设备、陈设的数量和尺度有关，同室内各界面的分格、比例、相对尺度有关，同室内光线和色彩有关。

二、听觉与环境

（一）声音与听觉

物体的振动产生了声音，任何一个发声体都可以称为"声源"。物体振动带动周围空气的波动，再由空气传给耳朵引起感觉。这种声波对于耳朵的生理机能来说，不是都能感觉到或是都能接受的。过弱的声波不能引起听觉，太强的声波使耳朵受不了，容易引起耳朵的损伤，因此耳朵可以听到的声音范围为20~20000Hz，声压级为0~120dB。

小于20Hz的声波称为次声，如一般钟表弹簧的摆动，它不易引起人的听觉。20~20000Hz的声波都能引起我们的听觉。大于20000Hz的声波被称为超声，这个范围内的声音，人们不可以用听觉器官去接受它。但是与次声一样，我们可以用敏感的仪器去测量它。

（二）声的物理量和感觉量

声的物理量和感觉量见表2-2。

表2-2　声的物理量和感觉量

分类	名称	代号	说明	单位名称	单位符号
声的物理量	声速	c	声波在媒介中传播的速度	米/秒	m/s
	频率	f	周期性振动在单位时间内的周期数	赫/（周/秒）	Hz/（c/s）
	波长	λ	相位相差一周的两个波阵面间的垂直距离	米	m
	声强	I	一个与指定方向相垂直的单位面积上平均每单位时间内传过的声能	瓦/平方米	W/m²
	声压	P	有声波时压力超过静压强的部分	牛顿/平方米	N/m²
	有效声压	ρ	声压的有效值	牛顿/平方米	N/m²
	声能密度	E	无穷小体积中，平均每单位体积中的声能	焦耳/立方米	J/m³
	媒质密度	ρ	媒质在单位体积中的质量	千克/立方米	kg/m³
	声源功能	W	声源在一单位时间内发射出的声能值	瓦	w
	声功率级	L_w	声功率与基准声功率之比的常用对数乘以10	分贝	dB
	声强级	L_I	声强与基准声强之比的常用对数乘以10	分贝	dB
	声压级	L_p	声压与基准声压之比的常用对数乘以20	分贝	dB
	噪声级	L	在频谱中引入一修正值，使其更接近于人对噪声的感受，通常采用修正曲线A、B及C	分贝	dB
	语言干扰级	L_s	频率等于600～1200Hz、1200～2400Hz、2400～4800Hz三段频率的声压级算术平均值	分贝	dB
声的感觉量	响度	L	正常听者判断一个声音比40dB的1000Hz纯音强的倍数	宋	sone
	响度级	Л	等响的1000Hz纯音的声压级	方	phone
	音调		音调是听觉分辨声音高低的一种属性，根据它可以把声源按高低排列，如音阶	美	mel
	音色		所有发声体，包含有一个基音和许多泛音，基音和许多泛音组成一定的音色，即使基音相同，仍可以通过不同的泛音来区别不同的声源		

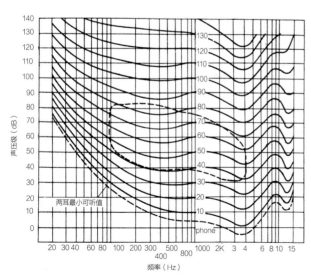

图2-57　耳的可听声音的频率和声压级的范围以及大小的等响曲线，中央的虚线范围是人类声音所使用的范围

将声压级和频率相同的感觉量绘成曲线图2-57，称为等响曲线。从这张图中可以看出人耳对可听声压和频率的感觉程度。图中最下边的虚线表示可以听到的界线的最小可听值。人们一般能听到从10phone左右开始的声音，人的听力对于3～5kHz的声音比较敏感，在此界限以上或以下，人耳的敏感性都会逐渐下降，但降低的幅度因人而异。

（三）噪声

1. 噪声级大小与主观感觉

广义地说，除了能传播信息或有价值的声音外的其他一切声音都被称为噪声。声音强弱，即声强的大小，对人耳的刺激会产生不同的感觉。太弱的声音听不见，过强的声音会使人耳痛，太强的声音则会造成耳朵的伤害，甚至耳聋。

噪声级大小与所产生的人的主观感觉见表2-3所示。

表2-3　噪声级大小与所产生的人的主观感觉

噪声级	主观感觉	实际情况与应用	说明或要求	测量距离
0	听不见	正常的听阈		—
10 15	勉强听见	手表滴答声、平稳的呼吸声		1
20	极其寂静	录音棚与播音室	理想的本底噪声级	—
25	寂静	音乐厅、夜间医院病房	理想的本底噪声级	—
30	非常安静	夜间医院病房的实际噪声		—
35	非常安静	夜间的最大允许噪声级	纯粹的住宅区	—
40	安静	学校的教室、安静区及其他特殊区域中的起居室	白天、开窗时	
45	比较安静 轻度干扰	纯粹住宅区中的起居室要求精力高度集中的临界范围	白天、开窗时如小电冰箱,撕碎一张纸条	—
55	较大干扰	在许多情况下会影响睡眠	如水龙头漏水的声音	1
60 65	干扰	中等大小声级的谈话声摩托车驶过声		1 10
70	较响	普通打字机的打字声会堂中的演讲声		1 1
80	响	盥洗室冲水的噪声有打字机的办公室噪声音量开大了的收音机音乐	标准型的顶棚无吸声处理的在中等大小房间里	
90	很响	印刷厂噪声听力保护最大值	可能引起声损伤	1 10
100	很响	铆钉时的铆枪声管弦乐队演奏的最强音	脉冲音	3
110	难以忍受的噪声	木材加工机械大型纺织厂	在加工硬木材时在厂房中间	1
120	难以忍受的响声	喷气式飞机起飞压缩机房、大型机器	痛阈	100 3
125	难以忍受的响声	螺旋桨驱动的飞机		6
130	有痛感	用10马力电动机驱动的空袭报警器		1
140	有不能恢复的神经损伤危险	在小型喷气发动机试运转的实验室里		2

2．噪声对人的影响

就声音对人的影响而言,声音可以分成两大类:有用的声音(有意义的声音)和干扰的声音(无意义的声音)。前者指使听者按其智力和需要可接受的一种声音;后者指的是使听者能勉强听到,使人厌烦、痛苦的声音。广义地说,这种声音就是噪声。

人是在正常环境噪声中,即本底噪声中发育成长的,对环境噪声有一定的适应性。如长期在城市环境中居住的居民,对汽车的喇叭声、周围环境的嘈杂声有一定的忍受度,一旦搬到郊区居住,会感到寂静。过分的寂静或寂静的环境会使人产生凄惨或紧张的感觉。时间长了，人们就会产生孤独、冷淡的心理状态，因而影响身体健康。因此，过分寂静，即环境本底噪声太低，这也并不是一种好的现象。

在当代，对人们影响最大的是声级在较短的时间内起伏的噪声，这些噪声对人类活动的影响主要表现在以下几个方面。

（1）噪声会影响听者的注意力，使人烦恼。

（2）噪声会降低人们的工作效率，尤其是对脑力劳动的干扰。

（3）噪声会使需要高度集中精力的工作造成错误，影响工作成绩，加速疲劳。

（4）噪声会影响睡眠。时间长了，则会影响人体的新陈代谢，造成消化衰退与血压升高。

（5）大于150分贝的噪声会立即破坏人的听觉器官，或使人局部损失听觉，轻者则造成听力衰退。

（四）听觉特征

1. 听觉适应

人们对环境噪声的适应能力很强。即便是健康人，如果在嘈杂的环境中住惯了，他的听力也会对噪声产生积累性适应，从而察觉不到噪声的存在。听觉的这种适应性对健康是不利的，特别是在噪声很大的环境中工作，有时会造成职业性耳聋。

2. 听觉方向

由于声波的传送具有一定的方向，所以声音也具有方向性，这是声源的重要特征。声源在自由空间中辐射出声音的分布有很多的变化，一般具有以下特征。

（1）当辐射声音的波长比声源尺度大得多时，辐射的声能是从各个方向均匀辐射的。

（2）当辐射声音的波长小于声源尺度很多时，辐射声能大部分被限制在一相当狭窄的射束中，频率越高，声音越尖锐。

因此，礼堂中声音放大系统的扬声器发射低频声音时，所有的听众几乎都能听见。但是如果频率较高，则在扬声器轴线旁的听众便不能接受到足够的声能。人们在说话时，声场分布也有类似情况。

声音的方向性使听觉空间设计受到一定的限制。如果观众厅的座位面积过宽，那么靠在两边的听众，特别是前面几排的听众，将得不到足够的声级。因此，大的观众厅一般都不采用正方形排座。

3. 音调与音色

音调是由主观听觉来辨别的。除了个体差异外，它与声音的频率有关。频率越高，声音越高；频率越低，声音也越低。单纯的音调只包含一个频率，即所谓纯音。

物体的振动发出的声音是很复杂的。它包含一个基音和许多泛音，基音和泛音组成了一定的音色。泛音越多，声音越丰富动听。

音调与音色对室内环境音质设计影响很大。如何使音场的音质悦耳动听，这涉及室内吸声材料的布置和声响系统的配置。

4. 响度级和响度

声音的声级和声压是一客观的物理量，它与发生在主观心理上的感觉并不一致。强度相等而频率不同的两个纯音，听觉所感觉到的可能不一样响，强度加倍的声音听起来也不一定是加倍的响。用来描述主观感觉的量被称为响度级。它是根据一个纯音的频率与声级的相互关系来制定的，这些曲线被称为等响曲线。这是在良好的条件下，根据许多听觉正常听音，对于不同频率的纯音与1kHz的音调比较得出的，它的单位是"方"（Phone），即响度级单位。

度量一个声音比另一个声音响多少的量称为"响度"，它的单位是"宋"（Sone）。

响度和响度级的关系如图2-58所示。声音的响度级为40方时，它的响度为1000毫宋或1宋，在40方以上时，响度与响度级的曲线近似一直线，每改变30方，响应的响度将改变10倍，响度级改变9方，响度改变2倍。

响度和响度级的关系对于室内隔声很有意义。如在室内噪声响度级从50方降到41方，人们听上去噪声的响度已经减低一半了。

5. 听觉与时差

经验证明，人感觉到声音的响度，除了同声压与频率有关外，还与声音的延续时间有关。例如有两个性质完全一样的声音，一个为重复的10ms宽的窄脉冲声，间隔时间为100ms，另一个是200ms的宽脉冲声，每隔20ms重复一次。两个声音给人的听觉感受是不一样的。前一个是间断的一个一个的脉冲声，而后一个听上去是连续的。后一种反映了声音的暂留作用及声觉暂留（图2-59）。

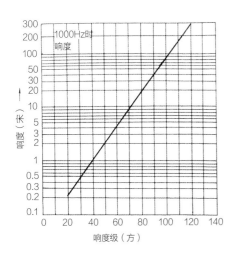
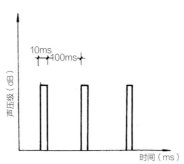
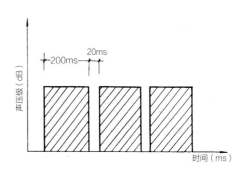

图2-58　响度与响度级的关系　　　　图2-59　间隔时间不同的脉冲声对听觉的影响

听觉实验显示，如果两个声音的间隔时间小于50ms，那就无法区别它们，而是重叠在一起了。当室内声多次出现反射连续到人耳无法区别，这时称为混响。为避免听到一先一后两个重复的声音，必须使两个声音到达耳朵的时差小于50ms。

在室内，由于有天花板、地面及墙面的存在，可能使声音的传播形成多次反射。如果这些反射声能在直接声到达后50ms内到达，那么这些反射声可以增强响度。如果是50ms后达到，只能产生混响，个别突出的反射声还会形成回声。

6. 双耳听闻效应

声音到达两耳在响度、音品和时间方面是有差别的。这些差别的存在使我们能辨别不同地点的各种声响的位置。由于双耳听闻具有这样的效应，反射声就被无意识地掩蔽或被压低了。

7. 掩蔽效应

掩蔽效应指一个声音的听阈因另一个掩蔽的声音的存在而上升的现象。

噪声掩蔽量的大小不仅由它们的总声压决定，并且与它们的频率组成情况有关。强烈的低频声对于所有高频率范围内的声音有显著的掩蔽作用。反之，高音调的声音对于频率比它低的声音掩蔽则较弱。当掩蔽声与被掩蔽声的频率几乎相等时，一个声音对另一个声音的掩蔽最大。

8. 声音的记忆和联想

听到某种声音就会使人记忆起实际情景，这就是声音的记忆与联想所产生的作用。

（五）噪声的控制

1. 确定室内环境所允许的噪声值

在通风、空调设备等正常运行的情况下，选择合适的噪声值。

2. 确定环境背景噪声值

到建筑基地实测环境背景的噪声值。

3. 环境噪声处理

选择合适的建筑基地，结合总图布置，使观众厅远离噪声源，再根据隔声要求选择合适的围护结构。我们可以尽量利用走廊和辅助房间增加隔声效果。

4. 建筑内噪声源处理

尽量采用低声设备，必要时再加防噪处理，如采用隔声、吸声、隔振等手段降噪。

5. 隔声构造

隔声构造如图2-60所示。

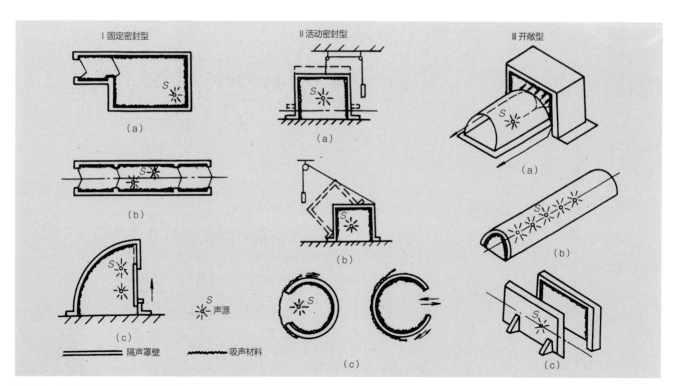

图2-60　隔声罩与半隔声罩常用的形式

（六）音质设计

1. 选择合理的房间容积和形态

首先要根据人在室内环境中的行为要求确定室内空间的大小，再根据视觉、听觉要求调整室内空间形态。不能满足声学要求时，可以配以扩声系统。一般采用几何声学作图法判断此空间形态是否存在回声、颤动回声、声聚焦、声影区等音质缺陷，对可能产生缺陷的界面再作几何调整或采用吸声、扩散等方法加以处理（图2-61和图2-62）。

图2-61　音乐厅的声学处理1　　　　　　图2-62　音乐厅的声学处理2

2. 射面及舞台反射罩的设计

利用舞台反射罩，台口附近的顶棚、侧墙、跳台栏板、包厢等反射面，向池座前区提供早期反射声。

3. 选择合适的混响时间

根据房间的用途和容积，选择合适的混响时间及其频率特征，对有特殊要求的房间采取可变混响的方式。

4. 混响时间计算

按初步设计所选材料分别计算125、250、500、1000、2000Hz和4000Hz的混响时间，检查是否符合选定值。必须对吸声材料、构造方式等进行调整再重新计标。

5. 吸声材料的布置

结合室内的具体要求，从有利声扩散和避免音质缺陷等因素综合考虑。

听觉与听觉环境的交互作用是环境设计的一个方面，室内音质设计还需同其他知觉要求结合起来综合处理。

三、肤觉与环境

（一）皮肤的感觉

皮肤是人体面积最大的结构之一，它由表皮、真皮、皮下组织等三个主要的部分组成。皮肤具有触觉、振动觉、温度觉和痛觉等各种知觉。

（二）触觉与环境

1. 刺激与触觉

根据刺激的强度，触觉可以分为接触觉和触压觉。除此之外，还有触摸觉。触摸觉是手指运动觉与肤觉的结合，又称为主动触觉。

2. 触觉感受性

身体不同部位的触觉感受性由高至低顺序为：鼻、上唇、前额、腹、肩、小指、无名指、上臂、中指、前臂、拇指、胸部、食指、大腿、手掌、小腿、脚底、足趾。身体两侧的感受性没有明显的差异。一般来说，女性的触觉感受性略高于男性。

总体来说，头面部位和手指的感受性较高，躯干和四肢的感受性较低。这与头面部位和手在劳动和日常生活中较多地受到环境刺激的影响有关。

触觉与其他感受觉一样，在刺激的持续作用下，感受性将发生变化。戴上手套的手完全不动，最初的触压觉会减弱，很快地就感受不到手套。当刺激保持恒定，而感觉强度减小或消失的现象，也叫负适应。触觉经过一段时间后的减弱现象叫不完全适应，完全消失的现象叫完全适应，适应所需的时间叫作适应时间。刺激量越大，完全适应所需的时间也越长。

3. 触觉的功能

触觉与视觉一样，是人们获得空间信息的主要渠道。辨别物体的大小则是其重要的空间功能。依靠触觉能辨别物体的长度、面积和体积。触觉对长度的知觉依赖于时间知觉。利用触觉点的时间间隔可感知物体的长度。由长度感知可进而感知物体的面积和体积。

触觉的第二个功能是感受物体的形状。根据触觉的定位特性可感知物体的形状。在形状知觉过程中，可同时感受物体的一些物理特性，如软、硬、光滑与粗糙、冷热等。

触觉对物体大小、形状的知觉等同于视觉的大小、形状，最突出的是触觉信息经常会转换成视觉信息，这种现象被称为"视觉化"。

触觉的第三个功能是触觉通信。利用触觉可以"代替"视觉传递信息。人的皮肤可以对刺激的部位、强度、作用时间和频率等进行辨别，这些都可以部分地"代替"视觉的功能。

（三）温度觉与室内热环境

1. 冷热感与体温调节

人体皮肤存在着许多冷点和热点，可以获得外界温度信息，它对保持体内温度的稳定和维持正常的生理机能是非常重要的。调节体温的机能也部分地存在于皮肤内，如出汗、皮肤血管调节、颤抖等。

人体对温度有很强的适应性，如果刺激保持恒定，则温度感会逐渐消失。人体内部温度长时间保持在37℃，体表温度略低，约为33℃，体表对自己的温度产生了适应，其主观感觉温度被称为"生理零度"。实验表明，皮肤的冷热知觉随皮肤表面的刺激面积增加其冷热感觉增强。当较高的温度（45℃时）作用于皮肤，就会产生烫觉。当室温在20~25℃，烫觉的阈值在40~46℃。

人体内部的体温基本稳定，一日当中，早晨临起床之前，人体体温最低，此时被称为基础体温。起床后，体温逐步上升，从傍晚到夜间达到最高，然后又逐渐下降，至早晨达到最低点。为了维持生活，人体内部需要不断消耗能量，此消耗量叫作热消耗量或代谢量。由于人体的姿势、运动、环境温度、饮食条件不同，代谢量均不同。为了使体温达到稳定，就出现了产热量与散热量平衡的问题，这是体温调节的根本问题。

2. 人体与环境的热交换

在普通的气温条件下，人体的散热主要是通过大小便、呼气加温、肺蒸发、皮肤蒸发、皮肤传导辐射等途径进行散热。

由于环境温度的变化，人体散热也有明显的变化。各种温度条件之中，影响最大的仍是气温。湿度也是重要因素。低湿条件下汗易蒸发，而高湿时会受到妨碍。气温在30℃条件下时，湿度按30%、50%逐渐上升。

身体为适应环境的冷热变化，维持体温稳定，必须增加产热量、散热量，以创造新的平衡。

当气温下降、湿度下降、气流增强、辐射降低时，散热量就增大，身体趋向冷却，体温下降。力求平衡，就要减少散热，增加代谢量。这种对寒冷的调整叫作对寒反应。冬天比夏天皮肤温度降低更多，代谢量增加更大，也就是对寒反应更强烈。对热的调整是对寒反应的逆向过程。

皮肤的冷热感和人体的热平衡与人体的衣着条件有深刻的关系。衣服在身体周围形成一个温和的热环境，即衣服气候，加上室内气候，故叫做二重人工环境。衣服气候作为人工环境来说，它是人体散热的重要途径，它与热的传导、对流、辐射、蒸发等都有关，也就是对于寒冷来说，抑制其传导、对流和辐射，对于热来说是促进其蒸发和对流，并防止来自外部的辐射。

3. 最佳温度条件

自古以来，人们就一直利用房屋、衣着、采暖等方法来减轻体温调节的负担。为了探求合适的温度条件，人们做了大量的研究，1923年，根据亚古洛氏的气温、湿度、气流三者的综合指标制成了有效温度（实效温度、感觉温度ET）。ET为23～27℃时，人体感受为"稍凉"到"稍热"的舒适界限，在13℃以下，会使人感到"不舒适的寒冷"，36℃以上，会使人感到"不舒适的炎热"，41℃以上，令人"难以忍受"（图2-63）。由于亚古洛氏有效温度是在实验室内进行判断的，故与实际情况有较大差别。后由美国暖气通风工程师学会（ASHVE）制定出舒适线图，被建筑界广泛运用（图2-64）。

4. 室内热环境设计

（1）供暖。冬季为室内供暖，一方面要参照国家采暖规范所提供的标准，另一方面也不可以使室内温度与室外温差相差悬殊，如果温差相差10℃以上，就会造成人体的生理负担。

（2）送冷。夏季送冷也不宜使气温降过了头，一般室内外温差控制在5℃以内，最多也不可以超过7℃。其次要注意气流的问题。从送风口直接送出来的风，如果在距离2m处的风速为1m/s，感觉上会过冷，容易生病。

（3）通风。通风与换气包括自然通风和机械通风。一般采用自然通风，它有利于人体发汗，也可防止病毒的传播。自然通风的实现，首先要在建筑规划、总平面图布置、建筑形体和朝向设计时解决，其次要考虑建筑门窗洞口的位置和大小。

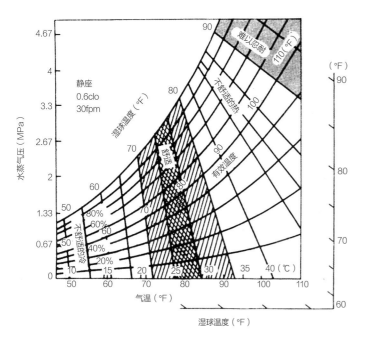

图2-63 新有效温度（ET，1°）

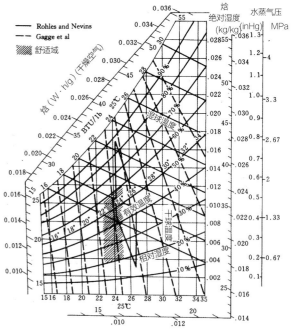

图2-64 ASHVE制定出舒适线图

第五节

人和环境质量评价

一、评价的概念

（一）评价的目的和意义

　　评价就是指为了一定的目的而对某个事物做出好坏的判断，是由一人或数人对一个事物的整体或部分，为了某种目的，在某个时刻、某种环境下，采用一定的方式做出的判断。评价一件事物的优劣，都要涉及两个方面：一是评价的人，二是被评价的某物，这两者之间会产生交互作用。

　　评价的目的往往是通过评价检验事物的质量，或分清事物的等次、优劣，同时也可以通过评价完善事物的不足之处，避免对事物做出主观判断。所以，对环境质量做出评价对环境设计而言是必不可少的。

（二）评价种类

由于评价的目的不同，评价的内容不同，采取评价的方法也不同，故评价的种类是多样的，根据环境设计的特点，评价分成以下几种。

1. 按目的分，评价分成决策评价和修订评价

所谓决策评价是指对几种方案或对某个方案的某些方面进行评价，从而决定方案的取舍，往往通过确定方案等次的排列来决定选择哪个方案。

修订评价是对某个方案进行评改，肯定方案的优点，找出不足之处，以便修订和完善。

2. 按内容分，有设计评价、施工评价、环境质量评价等

3. 按方法分，有单一评价和综合评价

一般而言，对较简单的事物，采用单一评价的方法，也称"总计评价法"或"总计判断法"。如果某个事物较复杂，或对评价要求高，我们就必须对涉及该事物的相关因素先进行分类评价，然后再综合评价值，这就是所谓的"综合评价法"或"综合判断法"。

二、评价内容、计量和标准

（一）评价内容

由于评价目的和被评事物的不同，评价内容也各异。对于环境质量的评价是一个综合评价，它涉及诸多方面的内容。主要包括以下几点。

1. 空间环境

空间环境的质量主要取决于空间的大小和形状。不同性质的空间环境对于形状和尺度的要求都是不同的，它们都要满足人的行为活动（包括生活行为和生产行为等）。这种要求是指大多数人（80%以上）的行为要求。

2. 知觉环境

满足人们对视觉、听觉、肤觉、嗅觉对环境质量的要求。这种要求又因环境性质和使用目的的不同而不同。

3. 围合实体

围合实体质量取决于围合空间和分隔空间的结构的安全性和经济性。它主要指围合实体的强度、防水、保温、隔热、防火、抗震、隔音等性能。围合实体的经济性是指这些实体的大小及其造价等要求。

4. 设备技术

设备技术是指室内的家具和设备的数量和质量，以及环境的通风、采光、供暖、送冷等技术措施的质量。

5. 环境艺术

环境艺术是指环境的气氛和环境空间的象征意义，如宁静、幽雅、肃穆、嘈杂等都是描述环境氛围特征的。环境的艺术性需要通过空间处理、界面设计、光色安排、家具布置等空间形态的艺术处理来实现。由于环境使用者的要求不同，故环境艺术也不相同。

6. 使用后效

这是指建筑环境或景观建成后，其使用效果和对相邻环境的影响。使用效果是指室内环境行为和知觉的舒适性、灵活性和耐久性。对相邻环境的影响是指建成的环境对相

邻环境的安全、卫生、交通、土地利用等方面的影响。

（二）评价计量

1. 判据

判据指判断某个事物好坏的依据。对环境好坏的判断首先要分清影响环境质量好坏的因素，即"征象"。"征象"愈完备，判断就愈准确。如果没有充分注意到影响事物质量的"征象"，判断就会流于片面，评价也就缺乏正确性。

表达事物"征象"的程度的原则就是评价的"准则"。

对准则的具体大小的度量就叫做"判据"。

征象、准则和判据三者的关系是：征象+准则=判据。

如：空间高度（征象）不足（准则），那么高度不足就是判据。

2. 权数

在周密判断某个事物质量时，要分出影响事物质量的若干因素。而这些因素之间存在重要性计权的问题。权数就是各因素之间重要性的比例关系。而如何确定这个比例称为计权。

3. 度量

对影响环境质量的各种因素进行度量。

对一些因素的度量可以直接通过仪器来测算，如尺、温度计等。而另一些因素，如空间形状的好坏、环境艺术的优劣、环境的私密程度等无法用仪器直接测出，我们就需要使用心理量表来量度。其结果可以用"满意度""显著性"来表达，也可以用"等级"来表达。

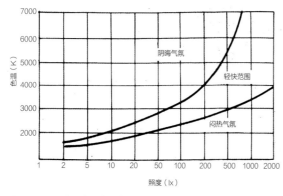

图2-65　照度、色温与环境气氛

（三）评价标准

关于环境质量的评价标准是一个综合性的指标，包括环境的性质、使用目的和要求、人的舒适性指标等。

在确定环境大小和环境形状时应根据空间的性质、使用者的行为、经济能力、相邻客观环境的可能性和技术规范等综合因素。

知觉环境的标准涉及视觉、听觉、嗅觉等主观心理量和客观物理量。主观心理量一般根据室内环境性质、使用要求等，因人而异。客观物理量可结合人的要求和环境性质来综合考虑（图2-65）。表2-4和表2-5提供了一些参考。

表2-4　热环境的主要参考指标

项目	允许值	最佳值
温度	12~32	20~22 22~25
湿度	15~80	30~45 30~60
室内与墙面温度差	6~7	<2.5（冬季）
室内与地面温度差	3~4	<1.5（冬季）
室内与顶棚温度差	4.5~5.5	<20（冬季）

表2-5　室内工作面上平均照度参考值

房间	照度（lx）
居室	75～150
教室	150
幼儿活动室	150
办公室	100～150
营业厅	150～200
阅览室	150～200
餐厅	100～300
计算机房	200

三、评价方法

（一）总计判断法

一个自发的总计判断是将许多对象进行比较，评出第一比第二好，第二比第三好。这类自发的总计判断的理由往往是后加的。这个理由只与少数几个因素有关，并几乎是不足以解释全部理由的。这种理由实际上取决于判断者的经验、知识和能力。

（二）周密判断法

为了得到更为精确的判断，我们可以将进行判断的整体分解成若干个征象，对每个征象分别进行判断，然后将所得出的局部判断进行综合。

局部判断可以采用标尺，如：①好的；②满意的；③坏的。也可以选择更详细的标尺，这种标尺具有绝对零和顺序数值，如-5、0、+5，其中负值表示很坏，绝对零表示不好不坏，正值表示很好。使用这种标尺的优点是，有绝对零做参照点，使用具体的顺序数值使判断更容易区分。这种判断方法仍属于自发的判断，存在一定的主观因素。

（三）转换曲线法

转换曲线法也是一种周密判断法。它是用曲线表示与对象特征有关的分数评价。水平轴表示对象的征象，如距离、大小、明亮程度等，垂直轴为评价轴，标注测量值。判据是转换曲线的函数。此种转换曲线有不同的形状，它既可以是连续的，也可以是间断的，可以是直线，也可以是曲线。

这些转换曲线表达了排列者的价值观，反映了他的主观价值体系。故可以讨论与验证，曲线的形状以及由此而做出的评价可与有关人员探讨或做出改变。

转换曲线的方法用于显示主观评价体系，使评价一目了然，便于对显示作讨论。征象标尺上的每一个数值都对应评价标尺上的一个值，这样的转换曲线明确地说明了关于一个可度量的征象的质的定义。

（四）综合因子判断法

综合因子判断法属于常见的周密判断法的一种。根据评价的目的与要求，将被评价物体的征象分成几个主要部分，每个部分再分成几种主要的影响因素，根据评价目的和要求及参与评价物体的实际情况，经讨论后确定各征象的权数。

第三章
设计心理学与环境设计

设计心理学属于应用心理学范畴，目的在于解决与设计相关的人的"行为"和"意识"方面的问题，作为人体工程学的一个重要部分，对设计有着重要的参考价值。

一、设计心理学概述

1. 关于设计心理学

设计心理学的基本性质是科学性、客观性和验证性，但是设计心理学的研究对象和研究课题具有多样性和人文性的特点，因此，我们在研究设计心理学时必须具体问题具体分析。与其他学科相比较，设计心理学在方法论上相对宽容，但研究态度是科学而严谨的。

在科学中，逻辑思维是以抽象概念为载体的。语言是逻辑思维的基础；在艺术的形象思维中，语言起着指导和组织的作用。形象思维中的表象有着自身活动的规律，用语言无法代替。事实上，艺术的形象思维中，表象活动、概念活动和情感活动是一起进行的。

一般认为，视觉的东西不可能只通过抽象的语言来完全描述。其实，即便是科学家也无论如何都不可能找到完完全全再现某个个别事物的取代物（语言也不例外），而且也没有必要对现存的个别事物进行全面的复制。因此，描述或解释只能呈现经验的大体轮廓，就算是相同的东西，每个不同的个体都有更多的空间去重新定义与发现。艺术与科学相同的是，艺术家们也运用类似"形体"与"色彩"等概念来探索事物，希望能从个别事物中提炼出那些具有普遍意义的东西，但是艺术并不能归纳事物的全部，即便想这样做，也不可能实现。这里，艺术的"概念"与科学的"概念"不尽相同。科学的"概念"包含确切的定义，以此来做进一步的推演；艺术所指的"概念"不可做完全意义上的定义。如在实验建筑——"长城脚下的公社"设计实例中，设计师运用到"夯土墙"的概念，在科学意义上，这个概念定义的是一种建造工艺，是单纯的技术概念，但到了具体的建筑艺术设计中，夯土墙代表的则变成一种文化上的符号（图3-1）。因此，艺术上的概念总是留有思考和想象的空间，这是由艺术创造内在的特征来决定的，且任何艺术设计（包括建筑设计）中，即便是同一个概念或同一个主题，不同的设计师仍可衍生出不同的设计结果。

图3-1 长城脚下的公社，张永和

作为研究人的行为和审美心理现象的设计心理学，兼有自然科学和社会科学两种属性，一方面设计心理学具有心理学的基本属性——科学性、客观性、验证性；另一方面，它也包含了设计艺术领域内的艺术性和人文性。前者在心理学领域已经形成了比较完善的理论和技术框架，而后者包含了丰富而复杂的内容。

设计心理学的研究内容除了具有广泛意义上人的本质和心理以外，还特指与设计过程和设计结果相关的心理。"设计是围绕目标问题的求解活动"，这个定义是从心理学的角度对设计过程的一种描述，因为问题求解是一种重要的思维活动，本身就是心理学所涉及的一个命题。心理学关于问题的定义、问题求解的过程、问题求解的策略的理论研究是研究设计程序和方法的重要理论和方法依据。

2. 关于心理学

心理是大脑的功能，它是在头脑中进行的一个内部过程，这个过程无法被观察和测量。因而，心理过程有时被称为"黑箱"。我们有时可以通过人的外显行为来间接了解这个黑箱的运作规律，然而这并不是心理的全部，因为心理事实上还存在着大量的意识体验。这种体验不可能完全被描述出来，因此，心理学在定义上的困难与人的心理复杂状态直接相关。

现代心理学建立在用科学的方法来研究心理问题的基础上，它强调理论应有研究证据的支持。其研究技术线路如图3-2所示。

图3-2　研究技术线路

事实：心理学研究的求真和证伪都必须从事实出发，以事实为依据。"事实"指人们对于事物的客观认识，是可以观察和重复的事件。

描述：描述就是对研究对象的状态做说明。对于事实和研究对象的分类和概念化归纳应该是最基本的描述性科学研究。

解释：解释是关于研究对象之间的"关系"的说明。这种关系也许是因果关系，也许是相关性的关系，也许是定性的或定量的关系，也许是间接的或直接的关系。解释通常是指解释事件发生的原因。

理论：理论的意义在于揭示事物的规律，理论可以预测事物。一个理论可以为许多事物提供解释，同样可以归纳不同的解释而上升到理论水平。传统上，心理学研究者接受了实证主义科学模型，即提出理论，根据理论逻辑推断假设。假设要用纯粹的研究设计来检验。一般认为，心理学和设计心理学的理论，如果达到了预期的结果，就为理论提供了支持，而不是理论被实证。一个理论受到的支持越多就越会被接受，但理论之间的竞争是科学发展的必然。

3. 几个重要的心理学派

现代心理学是一门复杂的、多学科的科学。与设计心理学相关的心理学也十分广泛，其中，认知心理学、社会心理学和感性工程影响最大。

认知心理学是感觉输入的变换、减少、解释、储存、恢复和利用的过程（内塞尔《认知心理学》）。认知始于感觉的输入，感观将外界的物理能量输入到我们的神经和认知系统中，并在此进一步加工。认知心理学研究的心理过程包括知觉、注意、学习、记忆、问题求解、决策及语言。认知是为了一定的目的，在一定的心理结构中进行信息加工的过程。传统的认知心理学研究是在实验室条件下对人的认知进行研究，而近年来计算机编程模拟了人的认知过程，这一研究取得了巨大的成就。

社会心理学研究的对象是个体的社会行为。人是社会性的动物，对人心理的研究不能脱离社会的因素而存在。社会心理学关心的问题包括文化、社会、团体对个体行为的影响。在人的心理活动中，社会方面的因素是极其重要的，个体的感受往往会取决于与他人的关系。人类通常会调整自己的行为以符合别人或社会团体的期望。在研究方法上，美国的研究更加倾向于研究个体内部的社会过程；欧洲的研究则更倾向于研究外部社会和文化背景对个体行为的影响。

感性心理学是一个由设计艺术、心理学、生理学结合而产生的新的研究领域。在研究方法上，感性心理学试图采用行为主义的观点，对于"感性"进行神经水平的测量，用脑电图、视觉轨迹等作为心理活动尤其是审美感知的客观表征，以便为设计艺术提供科学依据。

二、知觉与设计艺术

关于心理现象产生的基础在第一章有关心理学概述的部分已有分析，这里不再赘述。在本章节中，我们将讨论与设计艺术相关的知觉及它们的工作原理。

视知觉依靠人眼和光环境的刺激而产生，但人脑参与了信息的加工过程。眼睛是一个光学系统，光线由视网膜上的棒状体和锥状体细胞接受，视野的光到达视网膜的左半边后经神经到达大脑，人眼注视外界景物会形成2°的中心视野。

视知觉具有以下特征。

1. 视觉恒常性

视觉的恒常指物体的物理特征（如大小、颜色）随环境的改变而改变，但人们的知觉经验却保持其固有特征不变的情况。恒常性使我们处于以一个外观现象不断变化的环境中却能保持以一种精确的、有组织的方式来观看世界。在艺术领域，对于视觉恒常性的争论在于其价值感。传统的透视画法向我们展示了一个"真实"的世界，事实上，这并不是我们真正看世界的方式，它只是采用了一种编码方式重建了我们的现实感。视觉的恒常性说明，知觉不单纯是客观世界的映像，而且包含着对物体的解释，人过去的经验在知觉中起着重要作用。在过去经验和直接作用于人的感觉信息之间，艺术家往往是探寻者和发现者。

2. 知觉的组织

完形心理学对视觉组织特别关注。奈文的实验支持了"整体大于局部"的观点。

当客观对象作用于人时，首先引起的是整体知觉，而后知觉到对象的组成部分，格式塔心理学提出了完形律，就是在几种可能的形式中，最好的、最简单的、最稳定的几何形式构成完形，或者构成"图"。构成图的要素有邻近率、相似率、封闭率和共同命运率。

图底关系是另一个格式塔，图形往往是突出的，容易记识的。绘画中的视觉中心其实不仅是画家的安排，同时也是观者的加工（图3-3）。一切挑战自然注意的现代艺术作

图3-3　猫与鼠

品也往往是挑战人们的视觉组织倾向和视觉稳定性，让我们发现世界的多义性，发现视觉的多义性。

3. 视错觉

通过视感知不符合或不反应外界的刺激就会产生视觉错觉。知觉过程往往并不是容易的和自动的，知觉有时像解谜，必须将外界的许多信息和线索综合起来，知觉的过程可以被认为是一种假设的产生和检验的过程。贡布里希认为，眼睛在千变万化地欺骗我们，造成多种多样的错觉，我们的知识往往支配着我们的知觉，歪曲了我们所构成的物象。

三、审美心理

审美心理学研究的中心内容是审美经验。亚里士多德认为，审美经验有六个基本特征：第一，一种在观看和倾听中获得的极其愉快的经验，这种愉快可以使人们忘却忧虑，专注于眼前的对象；第二，这种经验可以使意志中断，不起作用；第三，这种经验有不同强度，即使强度再高也不会使人厌烦；第四，这种愉快的经验是人类所独有的，并主要来自视觉和听觉的和谐；第五，虽然这种经验源自感官，但又不能只归因于感官的敏锐；第六，这种愉快直接来自对对象的感觉本身，而不是来自它引起的联想。亚氏对审美经验的描述对当代关于审美本质的心理学研究仍有重要意义，但其描述比较偏重于哲学意义。从心理学角度上来讲，审美心理学更注重审美反应。

现代审美心理学是一个多学科交叉的领域。它包括三个方面的课题：①从个体的发展性、动机性和认知的角度研究艺术创造过程和艺术家心理，包括从个性心理特征、认知、情感、文化甚至变态心理角度研究艺术家的心理特征；②从内容、形式、功能研究艺术美学，即研究作品和设计的美学心理特征；③从个体喜好和判断研究受众对艺术的反应，即研究大众的审美心理和审美倾向。审美心理学运用心理学的科学方法试图解释和理解人们为什么要创作艺术，其心理需要和心理过程是什么。

与纯粹的美学研究思辨不同，对于审美心理的研究一般都会从最基本的事实依据和人的最直接的反应入手。通常，人们需要设计一个实验来支持或不支持一种基于事实的审美心理命题，如某一形状大小的变化对人的审美愉悦的影响程度等。显然，我们不可能用一种研究模式来统一审美研究的方法。对于审美研究而言，科学并非万能，但是，审美理论需要建立在事实的基础上，这个思想与科学研究的思想是一致的。

（一）审美心理的流派

审美心理学派从各个角度对审美心理展开研究，提出了不同的理论和假设。19世纪以来，美学逐渐转变成为一种经验科学和描述科学，人们开始从心理学的角度研究艺术或设计创作。但是作为一种高级的精神现象，审美心理区别于动物的纯生物性的快感，它是一个既具有深刻的生物性，又具有广泛的社会性的复杂集合体。动机、情绪、认知的研究都为我们了解人为什么要创造艺术和经验提供了心理基础。因此，审美心理学主张从人的行为和意识的角度研究审美现象，这与审美的哲学研究不相矛盾，他们是一脉相承的。

1. 审美心理分析学派

该学派主要以弗洛伊德的精神分析为主要理论体系,相关学派包括荣格的分析心理学和霍妮的新弗洛伊德派。该学派直接由医疗实践发展而来,狭义地说,弗洛伊德的精神分析其实是指一种心理治疗的方法。

心理分析学派的核心理论为"无意识"。无意识就是指被压抑的本能的欲望,它包括人的原始欲望、本能和盲目冲动。由于这些欲望受到社会标准的压抑,不容许它得到满足,只能变相地、伪装地、转移地满足。艺术就是一种无意识满足的代替品,弗洛伊德称其为"升华作用",根据升华理论,弗洛伊德认为,艺术就是一种恋母仇父的情结。弗洛伊德提出本我、自我和超我。在《创造性作家与昼梦》一书中,弗洛伊德提出艺术所创造的形式本身其实是一种符号。在现实中得不到的东西,在艺术创造中获得满足。

荣格认为,无意识有上下两层:上层指个人无意识,即个人被压抑的本能欲望。下层则是指族群或集体无意识。集体无意识包括本能和原型。原型是指原始的思维方式,它是每个个体发展其个人意识和无意识的共同基础。

霍妮的新弗洛伊德派则主张改变精神分析的方向,该理论认为应该从人类的社会环境中寻找人类的动机和根源,而不是把这些动机追溯到自存和生殖本能。

总之,心理分析学派试图解释人的意识的深层结构,荣格也曾经提出人的深层结构其实就是一种审美结构。艺术升华的作用并不是堕落,原始欲望对行为的支配力量和对艺术创作的重要性是毋庸置疑的,但它绝不是唯一的动力。从心理学的角度来看,弗洛伊德的理论虽然具有一定的科学意义,研究举证也具有"定性"和"案例研究"的事实依据,但是心理学研究意识都不容易形成真正意义上的科学性,这一点也是我们必须认识到的。

2. 完形审美学派

"完形"即格式塔,它是由德文"Gestalt"翻译得来的。完形主义的思想主要有两个特征:第一,强调心理现象是一个整体,反对它可以成为彼此独立的元素;第二,主张心理学要描述现象而不是分割现象以获得它的构造。

1915年,鲁宾发表了一篇关于视觉形象的论文,其中把视觉形象分析为"图"和"背景",而不是分析为感觉元素,完形派认为,"图"之所以成为"图",是因为它与背景相比是更好的完形,而图和背景就是一种典型的通过现象分析而获得的心理描述。

19世纪,电磁现象的研究在物理学中取得重大的成就,因此,"场"的概念被完形学派提出来描述视觉心理。在场中,全局影响着局部,改变其中任一部分,其他部分也会随之改变。按照完形学派的观点,大脑皮层本身就是一个电化学的场,视皮层的任何一点受到刺激都会立即将这种刺激扩展到临近的区域。1912年,魏德迈所设计的一个实验证明了大脑皮层中的局部刺激点与局部刺激点之间的这种相互作用。该实验在暗室中,让两个不同位置的光在极短的时间内相继发光,而观看者却产生只有一个光点从一个位置向另一个位置移动的知觉。

按照完形主义的理论,艺术和审美心理本质是一种"同形"或"异质同构",就是指当艺术形式、知觉、情绪之间达到同形,就会激起审美经验。异质同形是用一种基于力的作用模式来对审美心理进行描述和解释。阿恩海姆在其所著《艺术与视知觉》一书中明确提出"心理力"的概念。他说:"我们发现,造成表现性的基础是一种力的结构,这种结构之所以能引起我们的兴趣，不仅在于它对那个拥有这种结构的客观事物本身具有意义，而且在于它对于一般的物理世界和精神世界具有同样的意义。如上升和下降、统治和服从、软弱和坚硬、和谐和混乱、前进和后退等，其实都是一种力。我们必须认识到，那推动我们自己的感情活动的力，实际上是同一种力。世界上所有的事物归根到底可以归结为力的图式，那么对它们的观看就不仅仅是看到形状、色彩、空间和运动。一个有审美知觉能力的人，会透过这些外在的东西，感受到其中那些力的作用。"正是在这种"异质同形"的作用下，人们才可以从外部事物中直接感受到某种"活力""生命""运动""平衡"等性质。这些性质不是联想的作用，也不是来自联想和推理，而是来自一种直接的感受。可见，完形学派把许多知觉活动的组织模式，如力的模式当做主体即心理的固有作用，而不认为是联想的或者是过去经验的影响，这也是"异质同构"的核心思想，似乎万物间都存在着一种普遍的规律。阿恩海姆在他的著作中分析了若干个力的样式，并进而在《建筑形式的视觉动力》一书中对建筑形式的审美心理进行了有针对性的论述。

3. 行为主义与审美

行为主义更强调从最基本的事实依据和最直接的体验入手研究审美问题。该学派致力于从具体的、可观察的现象和事实入手，发展了许多审美心理学研究方法和测量技术，从审美心理本质的研究变成了审美行为和审美活动的研究。

行为主义审美研究的基础是刺激和反应模式，目的在于预见并控制人的行为。其基本公式是"刺激—反应"，即B=f（s），其中B代表行为，s代表刺激。

20世纪60年代，贝利尼认为，传统的美学哲学体系发展出基于可验证性的审美理论，并提出一个基于觉醒理论的行为主义审美理论假说。贝利尼的研究促使人们更注意科学方法带来的可能性。"觉醒—审美理论"主张用生理心理学方法来建立审美的心理学模型。审美体验与觉醒上升和下降方式有关，迅速上升并紧接着迅速下降的曲线为美感体验，上升后需要较长时间后才下降的曲线为丑感体验。如果考虑刺激的特性便可转化为"诱惑—和谐"模式。设计作品和艺术品中，诱唤的刺激特性是指作品中包含了强烈的变异，如复杂、新奇、意外和未知的东西。诱唤刺激有两个心理特性：一是引起注意；二是提高人的觉醒水平。刺激通过所谓的网状激活系统，唤醒大脑皮层，使人处于兴奋和激活的状态。和谐的刺激是指作品中包含了我们所熟悉的简洁的和可以预料的东西。和谐性刺激有两个心理特征：一是消除恐慌或产生"共鸣"；二是降低觉醒水平。

行为主义的审美研究包含了大量的研究成果，如意向尺度图、色彩流行趋势、广告心理效应等，其中涉及多种实验方法和数理统计方法，是审美研究中成果最丰富、最具有使用价值的。其遵循科学原理的思想和方法，采用大量先进的技术手段，如眼动仪、生理仪、计算机等，使得研究成果具有可对比性、可重复性。行为主义审美唯一缺乏的是理论和思辨。但是，行为主义审美不仅可以产生理论，而且可以成为设计程序中一个有机的组成部分，成为设计研究的主流。

4. 人本主义与审美

人本主义心理学家马洛斯提出了人的需要分为不同层次的理论，其中心思想是：人类具有终极价值，一个全人类可以努力争取的远大目标。真、善、美、正义和欢乐都是人类的内在本性。设计艺术便是人类这一本性的物化和外化。人本主义重视人生经验中积极的方面，认为人有实现自己潜在天赋的内在动力。层层向上递进的人的需要，表明只要获得了基本的满足，人就会产生更高、更健康的需要，直至自我实现。这就是马洛斯所设想的"高峰体验"。在马洛斯的需要类型中，爱美的需要是最高层次的需要。

对于设计艺术而言，人本主义心理学不仅仅是一个审美的问题，而是更大意义上的设计伦理问题。从所谓的神本主义到物本主义再到人本主义，设计理论界一直就在讨论设计的伦理概念。设计以人为本，人本主义心理学的影响远远超出了心理学范畴，被当成一个伦理思想和哲学思想而广泛用于不同的领域。

（二）审美反应

审美反应是指人们对外界的刺激和内在的记忆的一种复杂的心理反应，这种反应包含了情绪因素、认知因素、兴趣因素以及其他因素，也包含着人们对这些因素的意识体验和反射。

1. 情绪因素

人的情绪力量往往超过理性力量，人们的许多理性判断往往基于情绪，即便是科学家也不例外。一个基于情绪和体验的人的行为模型就是艺术的心理模型。在审美反应中的情绪并非都是正面的，有时负面情绪如悲伤、愤怒等情绪的发泄和释放也能给人们带来愉悦的体验。审美情绪通常不如现实生活中的情绪强烈，情绪强度的适中和弱化对于审美活动具有重要意义。时间因素是审美反应的另一个重要特征，不同的艺术类型所唤起的情绪持续时间是不一样的。各种审美体验都具有自己的时效性，绘画审美的时效应是短暂的，那种凝聚的美需要深刻和集中的关注力；戏剧和文学作品所带来的美感情绪体验则延续得更长，也包含更为复杂的认知因素；设计作品的审美需要人们体会和交流，形式之美、功能之美、操作之美所带来的心理感受的交融，包含了过去经验的复杂体验。

2. 认知因素

认知因素是一切视觉设计的功能核心，它是通过语意信息的编码和解码来贯通的。在设计作品中，作品的形式携带了关于对象的信息，了解和理解这些信息对于欣赏和体验的情绪尤为重要，对审美反应起到了关键的作用。如果观者与设计者无法在编码与解码的过程中达到一致，则观者无法理解作品或者有可能对作品产生误读。设计作品往往通过视觉符号来表现某种象征意义，符号中所包含的相应的情绪能力需要通过与观者的交流来实现。

比如，很多人对于"家"这个概念常用斜屋顶或人字形屋顶来代替。其理论依据在《建筑心理学》一书中关于天花板的倾斜度对室内亲切度的研究和论述有相关记录（图3-4）。而实际的建筑实践中，许多建筑设计"坡屋顶=家"的意味被反复使用，如坂本一成的"家形屋"（图3-5）及伦佐·皮亚诺的位于法国蓬塔纳夫（Punta Nave）海滩的设计工作室（图3-6、图3-7）都采用了这一认知符号，使建筑产生了强烈的亲切感和亲和力。

3. 兴趣因素

兴趣是一个相对模糊的心理概念，审美反应中的兴趣是指由于好奇驱力而引发的行为。在现代艺术中，许多艺术作品是完全基于感性的，所提供的认知因素和编码极为有限，表达情绪的方式和符号也极为抽

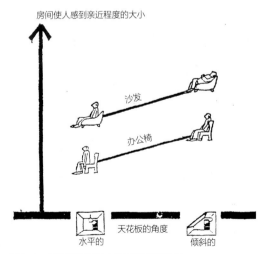

图3-4　屋顶倾斜度对人的亲切感的影响

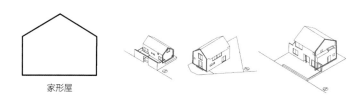

家形屋

图3-5 坂本一成的"家形屋"

图3-6 伦佐·皮亚诺的工作室设计1

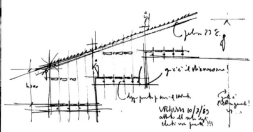

图3-7 伦佐·皮亚诺的设计工作室2

象，因而作品中包含了大量的未知的不确定因素，例如抽象派、立体派等。因此我们无法用认知因素和情绪因素来做心理上的解释。正是这些未知因素唤起了人的好奇动机，观众的审美反应是在好奇心的驱使下的一种"发现"，从未知中发现艺术对象的情绪因素，建立起陌生和熟悉的联系，形成一些新的记忆与感受。因此，兴趣因素具有更为复杂的结构，允许更多的个体参与，艺术好像是在同时表达艺术家和观看者。兴趣因素的一个重要特征是审美反应更具有主动性，即解码者就是编码者，人的好奇获得满足也是一种愉悦。

好奇与生理上的需要无关，通常取决于外部刺激的新奇性。任何一件艺术品，每当知觉者产生审美反应时，便会唤起一种期望模式。心理学认为，人们都有关于事物的期望模式，审美模式应是基于这个模式的，只是人们不一定意识到。这个审美模式与人们以往的审美经验有关，而且与基于以往审美经验而产生的许多变幻和新奇有关。见过与没见过的东西在一刹那间被联系起来，新的选择被确定，如此，便获得了审美反应。在好奇中发现的东西，在旧的记忆中产生新的联系，可能就是人的最原始的审美反应。这种期望模式被称为大众审美心理模式的研究。

毕亚勒提出熟悉与喜欢和不喜欢的关系的模型（图3-8）。从图中可以看出，熟悉的东西是一种愉快，但不能满足人们的好奇心，因此也是无趣的东西；不熟悉的东西满足了人们的好奇心，却由于不熟悉带来了一种不安和不愉快，但却能满足人们的好奇心。

为什么现代艺术所表达的未知性和人们的好奇心理如此强烈？为什么现代艺术把观赏者变成了探索者？其中一个重要的原因就是科学对无尽的宇宙进行的探索表明，我们已知的越多就发现我们知道得越少。艺术不能停留在表现情绪和认知的审美上，艺术更多的是反映了人类的好奇，反映了探索未知和可能性的种种尝试。

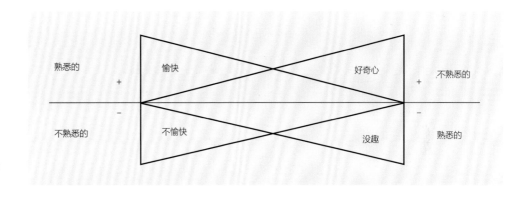

图3-8 熟悉与喜欢和不喜欢的关系图

（三）审美反应的测量

1. 审美量表和审美描述

审美量表和审美描述都是基于语言的一种描述和测量。它既是对审美反应的直接测量，也是审美反应中使用最广的测量技术。

审美量表是建立在语意差异的方法基础上的，通常采用一组形容词代表一个心理连续量，比如密集—宽松，活泼—严肃等。这些形容词在词意上是相反的。被试者根据对刺激物的感受来打分，如此获得一组测量数据。进而通过数理统计的方法来处理这些数据，找出数据所表现出的这种数据的结构。由于数理统计方法的发展和计算机程序的应用，对数据的处理变得非常方便，成为审美反应测量中应用最为广泛的研究方法之一。审美描述还发展出了必选法、等级排列等。

量表的方法是测量感觉量的，而且是让被试者通过语言表达出来。这是一个将感觉量化的过程，对于是否能够科学地量化这个数值很多人存在疑问。心理测量是心理学研究的一个重要环节，它的可靠性及准确度，即测量的信度和效度是非常重要的问题。测量的效度是指心理测量的有效性，也就是说我们测量的数据是否是我们所需要的数据；测量的信度是测量反映被测特征的真实的程度，就是说测量结果反映出个体在心理特征方面的真实个体差异，也有人将之称为测量的准确性或者一致性。如果用量表测量某人的某种心理反应，多次测量结果非常一致，则信度很高。效度和信度在心理学中有许多评价方法，是可以获得必要的科学支持的指标。因此，在心理学中感觉是可以量化的，不过这种量化是在一定效度和信度上的量化。

2. 行为捕获

行为捕获是基于行为与行为之间的联系的审美反应测量技术。行为捕获是间接地对审美反应的测量。贝利尼特别主张用行为捕获的方法来研究审美反应。例如，研究者可以让被试者观看一系列造型方案，而且让被试者喜欢看多久就看多久。那么被试者观看每个造型的时间就是一种可以比较和计算的审美反应的行为捕获的测量。再如，让被试者给每个作品打分，那么，研究者可以通过被试者给出的分值来获得审美反应的数据。

3. 动作行为

人的动作行为等可以通过直接观察和测量进行研究。在心理学中，一般认为，行为是心理的外显。身体动作可以当成人的一种情绪表情。人们在观看某作品时，移动的速度和停留的时间都是审美反应的动作行为测量。更为复杂的行为测量是可以借助于眼动仪测量的。眼动仪可以测量眼睛扫描轨迹和视觉中心停留的位置和时间等。扫描轨迹可以说明人的观看过程和认知模式。视觉中心的停留时间表明画面的信息点。通常这些信息点上的信息非常丰富。

4. 生理心理测量

生理心理测量是基于情绪的生理表征的。其主要思想是通过生理表征心理，采用先进的生理仪器获得生理测量数据，并将这些数据与心理过程联系起来。生理心理学在情绪的生理反应研究的基础上，提出了觉醒理论，建立了觉醒生理机制和测量指标，其中包括肤电反应、心率、脉搏、血压、呼吸、电脑图、肾上腺素等。觉醒是指人们从安静到极度兴奋的一种状态，它依赖脑干部位的网状系统起作用，网状系统具有增加整个大脑皮层的感受性的功能，故又称为网状激活系统。网状系统决定了人的觉醒状态，可用脑电图表征。贝利尼提出一个基于觉醒的理论行为主义审美假说，由此产生了一套用于测量审美反应的生理心理测量。所谓感性心理学中采用了大量的生理心理测量学方法，是一种心理、生理、生物电测量技术一体化的研究。

总之，审美反应的心理测量理论性和技术性都很强，我们所讨论的测量方法并非全部，关于测量的新方法不断出现。作为设计艺术的研究者，实践和学习这些方法对于真正了解设计心理学有着不可替代的作用，只有深入研究人的审美反应才能最终建立起设计和艺术的心理学。

（四）建筑环境审美评价

1. 环境评价与审美

对于环境的评价除了物质因素之外，常常与许多美学问题相关联。其评价判断标准实际上就是由一系列的美学原则构建而成的。生态美学、生理美学和心理美学三方面可以涵盖环境审美中的所有问题，也是环境审美评价的三条法则。

建筑师的美学评价标准应建立在人的精神、肉体与外界环境之间的关系上，即生理需求和社会文化的意义，同时还要考虑自然保护的原则，这样可以避免以纯粹的形式及美学目的来进行建筑设计。

2. 建筑环境的审美评价标准

（1）生态美学的评价标准。建筑是环境生态的一个组成部分，是环境"母体"的一个器官，它与自然共生、共发展。它从属于自然生态并服务于自然景观的创造。它如同自然界中的其他生态类型一样，从母体中汲取营养，并要对母体的生存和发展做出贡献。

在这方面成就突出的有赖特和阿尔托，他们宣扬"有诗意的环境"。如赖特的"有机建筑"论在他的"草原式"住宅及后来的许多作品中充分表现出来。他的建筑总是以一种风景般的姿态，将美的形态融合于自然山水之中，与基地环境合为一体，就如同从自然中长出来的一样。

建筑同其他有机体一样，也有生老病死的过程，1960年几位日本建筑师提出了"新陈代谢"的理论。这个理论的核心就是把建筑同生物生理进行类比，反对把城市和建筑看成是固定的、自然进化的观点，主张在城市和建筑中引入时间因素，明确各个要素的周期，在周期长的因素上加上可动的、周期短的因素。此后，该理论又经过进一步的发展，成为对建筑设计颇有影响的理论之一。

总体上来说，生态美学的评价标准无非"融"与"生"的概念。所谓"融"，就是我们所创造的人工环境是否能与自然环境融为一体，是否符合自然生态的原则，是改善了还是损害了自然生态的平衡。一个好的环境设计结果，应该以最大限度地维护自然生态的原始状态为根本目的。

（2）生理美学的评价标准。我们可以参照人类生存的基本需求及行为特点，列举出多种功能要素作为环境评价的具体指标，如舒适、卫生、安全等。

如果从探讨行为构成的基础出发，我们很自然地就会转入到心理物理学的领域之中。但我们发现，行为科学家在这个问题上互相矛盾。无论在哲学家、建筑师还是行为科学家中，对于人类行为构成的基础，一直都存在着两种互相对立的观点（表3-1）。

表3-1 行为的构成基础、两极分化的观点

身份	内心世界决定	外部世界决定
哲学家	主观意念	客观事物
建筑师	人的需求	外部环境
行为学家	内在自然性	学习训练

在行为学家中，一种观点是，人的内心世界的自然性，即人的本能是其行为的依据。理由是人类是生物世界的产物，我们的行为是由遗传下来的生物本能所决定的。另一种说法是，由动物行为中获得的研究成果不能应用于人类。因为人会学习、理解我们周围的事物，当文化的约束力逐渐成为行为模式后的一股强大的力量时，我们就会自然地对环境刺激做出反应。对于遗传的延续性，也存在着不同的看法，即根据某种印象来复制人类是不可能的。因为由于文化环境的不可复制的影响，遗传复制的译码也将因人而异。

人本主义心理学家马斯洛提出了一种折中的观点，他认为，人应该与动物有所区分，通过学习，人具备了思考的能力，他们的生活和行为方式也因此而复杂，因此便会产生高层次的需求。马斯洛将人类的需求由低到高分成相互交织的五个部分，除他以

外，还有一些心理学家也对人的需求做出描述（表3-2）。

表3-2　人类的需求状况

R. 阿德雷	A. 马斯洛	A. 雷顿	H. 摩瑞	P.彼得森
安全性	自我实现	性满足 爱的表现 敌意表现 爱的安全性 自然的表现 认知的安全 地点与环境认知 社会地位维护 所属感 生理安全感	依赖性 尊重 支配 展示 避免伤害 教育 秩序性 拒绝 知觉 性 援助 理解	避免伤害 性 联合 教育 援助 安全 秩序 定位框架 私密性 自治 认同 展示 防御 完成 威望 同意 拒绝 尊重 自贬 玩乐 变化 理解 多义 自我实现 审美
	尊重需求 归属与爱 安全需求			
刺激性	生理需求			
认同性				

建立在人类需求的基础上，我们可以从功能关系的角度提出一些评价标准：一是维持人体新陈代谢的项目应该齐全、完善，使之具有舒适、卫生、联系方便等特点；二是要保证个体和群体的不同范围、不同地点的安全性和私密性，如建筑结构设施和交通的合理性，以及不同性质的空间的合理组织；三是建筑和环境要为人们提供各自不同的领域和这些领域免受侵犯的秩序性；四是要为环境中的个人或群体提供生理上的审美机会，要为他们提供展示自己生活方式的空间场所；五是要保证环境的创造是一种公众参与的过程，要为公众的自由创造活动提供可能性。

（3）心理美学的评价标准。美感的发生常与欣赏者的心理文化结构息息相关。美感形成的过程也可以被认为是在特定的"审美场"环境中进行复杂的心理组织的结果。一般来说，文化结构的复杂程度越高，人的心理组织的作用程度就越高，因此，文化修养、欣赏水平越高的人，对美的感受就越丰富、越细腻。

人类的每一个体对美的感受和能力都是在人类的审美实践历史基础上，通过后天的学习，逐渐完善和发展起来的。文化作为两个不同的方面，分别分布于建筑环境之中，因而建筑环境审美包含两个层次：从表层来看，对形式美因素的总体知觉包括人对建筑的视觉形态的形、光、色等视觉要素的初步分辨与基本感受（这与视觉注意力相关）；从深层来看，人不仅欣赏建筑的形式美，同时从这些形式中还能感受到某种意境、气氛，甚至对风格、设计意图及风格产生的文化历史背景等，都有较为深入的了解。

建筑人类学家强调建筑的文化属性，认为建筑可以作为一种空间的表达结构，列入词义学的范畴。因为建筑环境中蕴藏着不同层次的含义，而且是经过居住历史而形成的。

与人类生态学的研究类似，形态—类型学城市建筑理论也把城市和建筑看做文化在历史中的反映出来的实体。他们提出"回归城市""城市分析""城市重建"等理论，认为现存城市和建筑是通过历史来传递文化而形成的复杂和多义的有机体。持该观点的包括罗西、克里尔等人，他们认为，城市和建筑是社会生活中集体无意识的产物，它们保持了历史的延续性和多样性，在基本主题保留的前提下又不断经过修饰和变形。

由此可见，对于建筑环境的心理美学评价标准应紧紧扣住文化和历史的主题，并且把标准纳入群体意义和个人影响这两条轨迹上。

（五）建筑心理的研究方法

建筑是为人而建的，建筑心理的研究无疑是面向人及与人相关的环境。调查研究的方法一般包括以下几种。

1. 问卷法

这是通过一种经设计调研者仔细思考编排的问卷去征询被试者对环境和建筑反应的方法。这个方法简便易行，一般列出调查提纲和所提的问题，或制成表格，口头或书面去访问用户。书面调查也可以直接投入信箱或邮递。问卷法的回收率并不理想，被问人对问题的理解会有出入，回答的问题会有准确性差和不符合要求的情况。人们也可能受访时回答无关的内容，然而不重要的资料可能集中到一个环境问题的研究上，这也是很重要的。

2. 观察法

这是获得有关研究对象的感性材料的重要手段之一，要求有敏锐的观察力，注意观察典型性，这样就可以通过定性分析使感性认识得到升华，从而具有普遍意义。

"自然观察法"指对环境中人的行为进行直接的观察。

"控制观察法"指按照行为活动的初始状态来再现行为活动模式，进而进行观察。

亲自参加研究对象活动现场的观察，可以使研究者进入一个实在的环境，从而了解环境使用者感情上的差别与变化。观察法有所谓"移情"现象，即被试者可能被设想他们在某种情势下感到的情况。观察者可以观察到在相同环境中的重复活动，这是"固定的行为模式"，也可以观察到有些地方公众爱去，有些地方则相反，从而观察到公众接近与回避心理。观察者根据所面临的设计和研究课题，对观察进行记录和描述与心理分析，并画出环境概况、人的活动位置、环境中行为的连续性等，有时也可以运用摄影技术作为辅助的调查手段。

行为场所观察法最初由罗杰·巴克在他的生物心理学中提出，即通过对环境中人的行为及所耗费的时间的调查，以确定特定社会物质环境的数量、规模及地位。威廉·怀特用定格摄影的方法研究城市小空间对人的吸引力问题。

3. 隐蔽测量法

这种方法是指以不影响被试对象行为发展的间接度量方式进行工作。它有两种方式，一为文献考察和档案记录；二为物理痕迹度量。考察文献是调查研究的第一步，对于环境的了解和设计、对环境评价都是有意义的。考察文献不影响人的行为，例如，研究一个设计过程，可以通过阅读文件包括设计任务书、信件、档案、设计计划，通过考察、检验工程图纸的方法来实现，还可以研究设计人员最早的设计意图及何时改变设计等。一个机构的记录可以显示出职工的出勤率、调动情况及工作与生产进程等。从这些文献资料的研究中可以得到某些有关环境与行为心理方面的内容，但应注意文献内容的系统性及准确性。物理痕迹调查即观察使用者在环境中的行为活动的物理痕迹，观察有关环境物质痕迹的损耗或积累，如图书馆书架前的损耗可以反映哪些书籍受欢迎的情况。

4. 语义区分法

这是一种使用双极形容词量表的方法。其具体的研究方法是，选取若干对立极端的形容词平行列在有5～7点量表的两端，被测者根据目前所处环境的感觉，在认为最符合自己评价的空格内做记号。此方法的目的是要受测者利用形容词意义去评定环境品质的内涵。语义区分法所测得的结果一般还要作因素分析，以获得较为精确的定量分析结论。

5. 认知地图法

被试者以某种方式描述他们对环境的感知。研究者要求人们在一张空白纸上画出他们所处环境的草图，并运用计算机及其他技术辅助更为复杂的认知地图分析。凯文·林奇将认知地图的概念运用到城市规划和设计实践中，让被试者快捷地画出地图，表示出哪些是他认为最突出的城市成分，并描述他的感受。林奇通过大量的个人认知地图方式和口头报告以获得公众印象。

四、造型心理

（一）造型的心理意义

造型心理又称为造型构成心理，它是指学术性造型现象的研究。人们研究造型心理的意义在于发现人类如何从一堆的原始材料经过视觉加工后重新进行视觉组织和视觉发现的规律，也就是研究造型所包含的人的知觉图式。

1. 知觉力

阿恩海姆在《艺术与视知觉》中指出："视觉不是对元素的机械复制，而是对有意义的整体结构样式的把握"，造型的整体结构是一个完形，也可以叫格式塔。整体是相对于局部和独立的元素而言的，也就是说不存在任何一个孤立存在的局部。局部的意义必须通过整体获得。比如，在方形中的一个点，点相对于方形产生了位置的概念，方形与点产生了关系。点的意义只有通过方形才能得到解释。

在完形理论中，整体是一个"场"，在这个场中存在着"知觉的力"，这种知觉力促使点离开现在的位置向方形的中间运动。知觉力不是判断出来的，它与理智无关，而应该是被感知的。知觉力是人的心理语言，是外部刺激与内部结构的一种异质同构。没有知觉力就不会有表现性，可见造型的心理意义就是一种力的图式。

阿恩海姆认为，表现性就存在于结构之中，存在于包含知觉力的图式之中。力是一个整体，简单和复杂、强烈和软弱、流畅和阻塞，一个感觉响了，另一个感觉作为回忆，作为和声，作为看不见的象征，就会引起共鸣，可以看见它们之间的同一性。因此，动与静、强与弱、简与繁之间是互相共鸣的，这才是场的概念。在造型活动中，心理事实和物理事实是可能存在同一性的（图3-9～图3-12）。

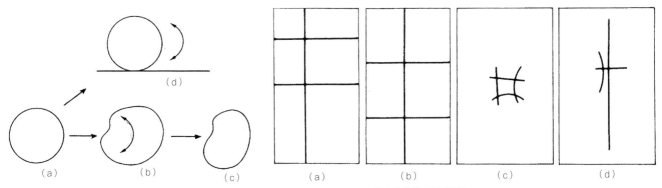

图3-9　形状的改变所带来的人的不同感受1

图3-10　形状的改变所带来的人的不同感受2

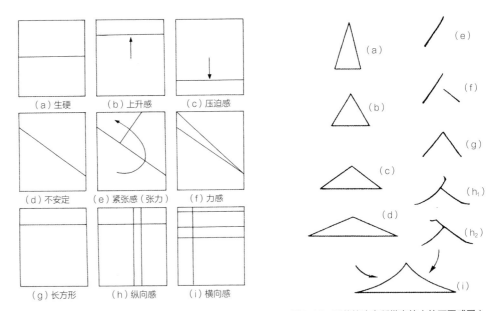

（a）生硬　　（b）上升感　　（c）压迫感

（d）不安定　　（e）紧张感（张力）　　（f）力感

（g）长方形　　（h）纵向感　　（i）横向感

图3-11　形状的改变所带来的人的不同感受3

图3-12　形状的改变所带来的人的不同感受4

　　如图3-9所示，一个正圆表现出的是稳定、静止、简洁和良好的图式心理情绪；如果圆的一边呈现凹陷，则造型的内部就诱发出一种游移不定的心理情绪；如果在圆的下面画一根线，圆就会呈现滚动的心理情绪。在造型艺术中，平衡是一种连贯的、动态的平衡，是一种表现力，而并不是事实存在的物理平衡。

　　如图3-10所示，在一个长方形中画3条线，（a）中垂线坚强有力，各个分割出来的矩形比例层次分明，在垂直方向上形成了与边框一致的张力，有一种连贯的、动态的平衡图式。（b）的垂线显得漂浮不定，各矩形之间的比例关系模糊不定，两条水平线在空中漂泊，呆板而没有生气。通过（a）与（b）的对比，我们可以发现造型形式的表现性就存在于结构之中。在长方形中画4根线，（c）与（d）都产生了场效应。（c）图中直线与曲线没有特定的方向感，形成了某种向心的变形张力。（d）图中垂直线形成了纵向的基调，强调了曲线的对比作用。

　　图3-11表明仅仅几条线就可以表明什么是有意义的整体结构。

　　同样，在图3-12中，我们可以看到德国科隆大教堂、金字塔、中国式屋顶等图形形式所隐含的知觉力。

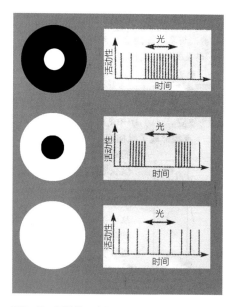

图3-13　马赫带示意图

2. 形状

形状是我们看到的东西，看到形状其实是我们看到形状的轮廓，轮廓是形状知觉中最基本的概念。在知觉到一个形状之前一定先看到轮廓。我们看到的形状就是由一个可见的轮廓把它与视野中其他部分隔开的那一部分。轮廓如何形成？轮廓其实就是构成明度变化的变化，即二阶导数。轮廓不仅是明度变化，也是明度变化的速度。人们在看轮廓时也不是被动的。当观察两块亮度不同的区域时，它的交界处形成的轮廓特别明显，轮廓两边的明度对比被加强了，这被称为马赫带（图3-13）。

很明显，看到与观看的内容并不仅仅如此。按照阿恩海姆的观点，形状是被眼睛所把握住的物体的基本特征之一，它涉及的是除了物体空间的位置和方向等性质之外的外表形象，只涉及物体的边界线。一个物体的形状从来就不是单独由这个物体落在眼睛上的形象所决定的。一个球的背面眼睛是看不见的，然而在实际知觉中，这个隐藏在背部的半球面，往往也会成为知觉的一个有机部分。在视知觉中，人们把握的形状不一定与该物体的实际边界等同。一个物体的真实形状是由它的基本空间特征所构成的。

3. 形式

所有的形状都应该是某种内容的形式。形式是什么？洛克认为，新生儿的大脑是一块白板，不通过感觉器官，任何东西都无法进入大脑，只有当"各式各样的感官印象"在我们头脑中相互联系时，我们才可能建立起一幅外部世界的心像。"先天固有观念"是不存在的，只有经验才是人类的老师。

在讨论形式的问题时，阿恩海姆采用了格式塔，也就是说格式塔就是形式，是知觉的组织方式。格式塔的中心思想是整体高于局部之和，这个整体表达就是一种关系，一种形式。

如果我们将艺术品的形式理解成为是各种要素构成的总体关系排列，这样一个有机的整体就是我们所说的艺术品的形式。形式主义者极力强调，艺术除了呈现其形式关系的抽象式样以外就再也没有更重要的东西了（布洛克《现代艺术哲学》）。不过，我们必须知道整体关系永远是设计艺术中最重要的艺术造型概念。也许我们可以这样理解：艺术形式也是一张"艺术地图"，即一套坐标系统，在此坐标体系上可以把富有意义的内容表示出来。

（二）造型感觉

1. 视点与视线

在英国伯明翰理工学院的一门设计训练课上，学生被要求用视线扫描模型的轮廓，检查造型的视觉流畅性和视线的路径。事实上，观看是一种运动和触觉的过程，视觉扫描对于设计师是必须把握的感觉方法。视觉扫描并不是像一台仪器一样逐行扫描，而是在若干视觉点上停留，然后跳到另一个视点的往复扫描。用"眼动仪"记录的视觉扫描路径和视点完全是表达知觉过程或个体获取信息的历程。眼动是眼球在眼窝中的转动，它既可以是平缓的，也可以是跳跃的；眼动既可以是自动的、下意识的，也可能是自主和有意识的活动。眼睛在看物体时就是在做不停的扫描运动，即便看固定的物体也是如此，如果我们的视点完全固定，我们就什么也看不见。

视点就是视觉注意点，是各种视觉要素汇集和视觉力朝向的点，是视觉集中和转移的心理现象。注意的功能在于把认知的过程对准外部刺激，因此能收集相关的信息。视点与艺术作品中的视觉中心都是视线集中的区域，所不同的是，视觉中心设计是设计强调和提供的注意区域，而视点是扫描过程中的视觉停顿的点，通常一个画面只有一个视觉中心，但视点会有多个。

视线是注意力转移时获得的运动轨迹。视线诱发一种心理上的方向感和运动感，产生相应的知觉力。在图3-14中，上升感取决于视线的流畅，压迫感来自视线的受阻和停顿。在日本离桂宫的"真之踏石"（图3-15）是一条视线所隐含的知觉张力的小路，其韵律、简洁、平衡之美让人叹为观止。古老的石路与现代化的公路相比，其中所诱发的视线运动和视点更为丰富，更具有生命力。

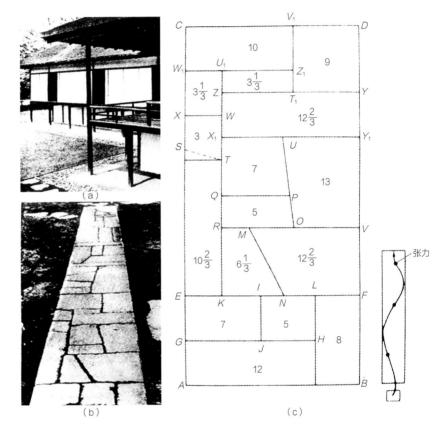

图3-14　上升感与压迫感

图3-15　日本桂离宫"真之踏石"

2. 平衡感、空间感和秩序感

艺术的风格和造型形式问题其实就是秩序的问题（图3-16和图3-17）。

秩序感最基本的表现形式之一就是平衡感。平衡感就是使个体可以根据地心引力的作用和周围环境的参考而获得上、下、垂直、水平以及相对重量的感觉。人体的生理平衡感对人的生存是至关重要的，人们将这种平衡感对应到对艺术形象的审美之中，我们可以认为，这两种平衡也是异质同构的。研究表明：当人观看向某方向倾斜的画面时，头或身体会向同一方向倾斜。还有一种平衡是动态平衡。小林重顺在《造型构造心理》一书中用果子的排列来直观地表明了动态平衡的问题。我们从中可以发现，只有当构图不好时，人们才会发现平衡是一个艺术形式的问题，这就是所谓的"波普尔不对称原理"

图3-16 蒙德里安作品，以抽象的形式 　图3-17 康定斯基作品
获得的秩序感

的现象。贡布里希也认为，秩序感不是我们能够直接意识到的，但是秩序感如果被破坏了，我们就能意识到秩序感的存在。

空间感还应该包括空间知觉和方向知觉两个方面。空间知觉是基于空间视觉线索的知觉活动，科技使我们更加方便地认识和感知我们所处的空间。在艺术设计中，关于空间的问题表现在一方面是再现空间，如透视法；另一方面是空间的表现，如分割空间和营造空间，从而获得秩序感。

运动感是基于空间感的，有空间才有运动。一些艺术家热衷于将时间和运动的轨迹纳入作品中。在运动的事物中截取一段画面或者用慢动作呈现出来，会发现运动感可以详尽地得以表达，可发现运动之美。人体运动的心理机制是，大脑为身体设定要达到的目标，神经系统计算出身体现在的状态和目标状态的差异，这种差异指引达到目的的行为，以消除差异。

3. 量感、虚实感

量感涉及心理物理方法，就是指研究心理量与物理量之间的对应关系的方法。量感是对应物理量的一个心理量，例如物体的真实重量与我们对这个重量的心理感觉。有时，人们的心理量感与实际量感是不对等的。例如，在一个提着5斤重的物体的被试手上加上1斤的物体，被试者所感觉的重量差可能小于在提着1斤物体的被试者手上加入同样重的物体所得到的重量感。

费希纳在韦伯定律的基础上，提出了刺激强度与感觉强度是一组对数关系，这就是韦伯—费希纳定律：

$$S=K\log R$$

式中：R——刺激强度；

S——感觉强度；

K——常数。

由此可见，刺激强度需要增加10倍，才能使感觉强度增加一倍。在艺术设计中，设计者发现，只有通过对比的手法才能达到感觉的有效变化，引起观者的共鸣。

对于造型而言，"量感"是由内而外所显现出来的张力表面，是造型"实"的一面，体量的一面。被实体围合的孔洞是造型"虚"的一面，但虚空间也可以如同实体一样具有形式的意义。在造型艺术活动中，"有和无""虚和实"的对比关系可以运用到所有关于设计形式的理解与描述之中，具有非常重要的价值取向。

五、设计心理研究方法

设计心理研究方法属于设计研究的范畴。研究的概念原先只是一种科学的概念。研究就意味着需要从理论或实际课题入手，系统地收集和分析数据资料，从而得出有意义的结论。设计心理的研究方法众多，这里主要介绍实验研究法、变量研究法和抽样调查的研究方法。

心理测量和其他测量一样，需要给出一定的变量操作定义，再辅以数值表示测量结果。心理测量一般用量表作为测量工具。量表又分为顺序量表、等距量表等，前面章节已有介绍，这里不再重复。要注意的是，在度量人的心理时，测量工具及测量结果的准确性、可信度、有效性都是需要度量和验证的。

实验研究法是科学研究中应用最广而且成效最大的一种方法。实验法的基本原则是：在其他若干变量C被妥善控制的情况下，实验者系统地改变某一变量A，然后观察A变量对另一个变量B的影响，这里A被称为自变量，B被称为应变量，C被称为控制变量。

在实验法中，自变量和应变量是一种因果关系，可引入一个公式化的表达：$Y=f(x_i)$。式中，Y表示应变量，x_i表示自变量。

在心理学和设计心理学中，实验法是最为可靠的方法，它的研究结果具有科学性。对实验法的质疑主要表现在对其应变量的控制和人为的实验环境干扰上。每次实验所取得的变量是有限的，因而所得到的研究结果也只能部分表示实际的状况。不过，虽然实验是从高度人为的环境中得到的结果，但这些结果是可以运用到理论与实践中去的，至少，它可以增进我们的理解力和有效处理人类生活事件的能力。

抽样调查法是通过"访谈法"和"问卷法"，针对个人、组织和社区收集特定人群的信息的方法。抽样调查的目标通常有了解或探索、描述、解释、验证假设、评价等。了解或探索指对感兴趣的问题做深入的了解；描述指建构概念，确定研究对象的测量方法；解释指解释研究对象之间的关系；验证假设指用经验证明来自经验的假设；评价指某个项目的结果的评价。

"抽样"是指从总体中抽出的一组人，样本是总体的一个代表。而总体的概念是指抽样调查所要代表的一个类别的所有成员。在定性研究中，样本可能不需要是总体严格意义上的代表，可能要求的是一个专家样本，或能对研究主题提供最完整描述的样本。

访谈法可以按访谈的内容、访谈的方式进行分类。"结构访谈"是标准化的访谈方式，访谈的内容、提问的方式、提问的顺序和回答的方式都是标准化的。"非结构访谈"是非标准化的访谈方式，比较灵活、随意，但数据不容易做定量化的处理。"直接访谈与非直接访谈"取决于访谈者与被访谈者是否进行面对面的访谈。"个别访谈与集体访谈"是指同一时间内访谈是面对一个人还是多个人。

问卷法的问卷按其对回答方式的限定分为结构问卷与非结构问卷。结构问卷对答案范围和回答方式都做了明确的规定，而非结构问卷则是被试者自由回答自己对题目的理解。前者规范，有利于收集数据和进行数据处理；后者可以充分表达受测人的观点，有利于问题的了解和探讨，以便做进一步的研究。

第四章

课题设计与教学实践

人体工程学是一门应用性学科，故本书中的所有知识点都必须经过具体的设计实例操作才可以得到验证和应用。本章收集了作者多年人体工程学教学过程中所设计的一系列课题，根据由浅至深、由简至难的原则，按照认知→分析→设计→评价的顺序来安排作业。其中，课题四为国家自然科学基金资助项目（项目批准号：51208106）的第一阶段与人体工程学相关的部分研究成果。

由于课时的差异及针对的教学对象并不相同，本章内容仅供读者参考，用以抛砖引玉。

课题一：

人与物——"以人为本"的设计理念

【教学目的】 "以人为本"的思想作为设计的重要原则之一已存在了很长时间。可以说，几乎我们身边任何一件物品的设计构思都包含了这一设计理念。人们一方面在享受"宜人化"物品带来的方便；而另一方面却对这些"设计为人"的构思"无意识"。在这个练习中，要求学生从"为人服务"的视角出发，重新审视身边的日常用品，分析人体工程学在这些产品中的运用，用图文结合的方式进行分析说明，从而认识并树立"以人为本"的设计思想。

本课题鼓励学生自己做研究，或发现一些很特别的设计构思。

【作业要求】 以某类物体作为分析和研究的对象，理解它的使用方式、使用特点、使用者的身体需求及心理需求。结合物体的设计构思、尺寸、造型、颜色等要素进行分析，理解人与物的关联。

文本：A4纸打印2~5页；PPT一份。

学生作业示例：

分析一：

物品、行为与认知

——人体工程学作业　01106104　李文婷

圆珠笔：

自一位新闻工作者于1938年由报纸墨水的灵感设计出了圆珠笔与墨水作用的形式，圆珠笔便成了我们生活中不可少的物品。

一般数据:（mm）

圆珠笔持握部分研究（图4-1）：

圆珠笔中与人手接触最多，对舒适度影响最大的部分就是笔尖后面的持握部分。按照轴线剖面形状可分为内凹形、外凸形和平直形，按照横剖面形状可分为圆形、方形，甚至还有六边形、椭圆形等。

由观察可以知道，写字的角度a=60°，且b=45°是长时间写字最舒服的姿势；角度过大或过小都会对某些手指造成压迫，降低舒适度。而不同的持笔处设计也有不同的感觉：外凸式让人有下滑的感觉，但是手指肌肉较放松；内凹式解决了滑动问题，但是食指一关节会有不适感；使用平直式时手需要多用力。同时，对于持握部分剖面，圆形的满足了任意的角度，适用性较广；方形、六边形等则没有此优势。

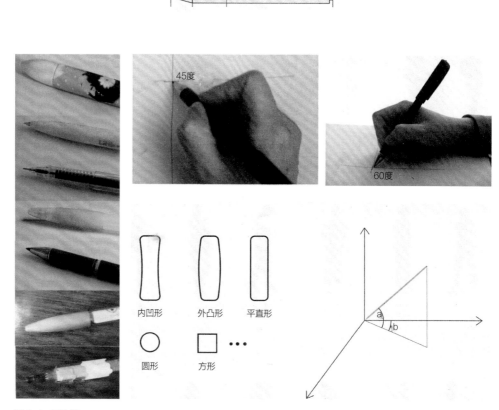

图4-1　圆珠笔

分析二：

坐具分析

分析说明：自从坐具被发明以来，它经过了长期的演变。从一开始的凳子，到现代舒服的躺椅，其中暗含着丰富的人体工程学知识。我试图通过对椅面材料和形态的分析了解其中的奥秘（图4-2）。

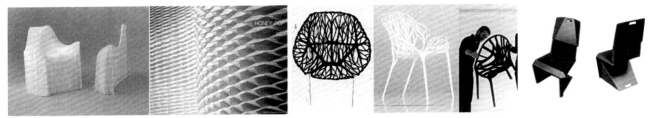

120张（挖空过的）玻璃纸粘接在一起，切割出形状，当打开的时候，就形成了蜂巢结构，不同的人坐上去就会形成不用的形状，而且还能发出玻璃纸质特有的声音

"生长的椅子"有如同植物一样生长的几何结构，"生长"这个概念同时也体现在制造工艺上，即使用注塑成型

椅于是用单片金属折弯而成，制造容易，适合折叠

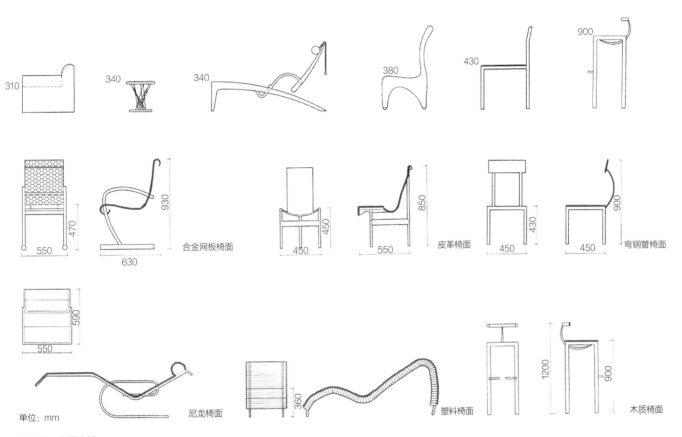

单位：mm

合金网板椅面   皮革椅面   弯钢管椅面

尼龙椅面   塑料椅面   木质椅面

图4-2　坐具分析

小结：

坐具根据不同用途分为矮凳、躺椅、儿童椅、成人椅以及吧台凳等。它们的坐面高度各不相同，普通的靠背椅坐面高43cm，儿童椅尺寸稍低，为38cm，酒吧台面较高，所以吧台凳一般坐面为100cm。

靠背椅和躺椅的椅面根据人体曲线设计，靠背榜的着力点一般是人的臀部和背部。为了很好地迎合人体形状，常用整版一次性压制成曲线形，也有使用柔软材质以更好地贴合人体，简约的设计会将两块板分开，但是靠背部分还是能够适度地变形。

躺椅除了考虑人体的臀部和背部，还要加上头部和腿部的受力，会选用较柔软的材料，模拟床上的感觉。

吧台椅靠背部分收缩，主要是为了社交形象的考虑。

课题二：

错视觉设计——图形心理学研究

【教学目的】 "错视觉"就是指在视觉方面产生的错觉。引起错视的图形是视觉图形中的一种特殊现象，是客观图形在特殊视觉环境中或者在特定的视角下引起的与现实不相吻合的视觉反映。它既不是客观图形的错误，也不是观察者视觉的生理缺陷，而是由特定的结构和特定的视角结合人的心理因素而产生的。错视图形主要分成两大类：一类是数量上的错觉，它包括在大小、长短、远近、高低方面引起的错觉；另一类是方向上的错觉，包括平行、倾斜、凹凸、扭曲方面引起的错觉。此外，在色彩、明度方面也具有一些错视现象，这些都在本课题的研究范畴之内。

【课题要求】 错视在空间设计中有广泛的应用，这个练习要求学生研究出一种图形或空间结构，使之干扰观察者，从而产生视错觉的影响。包括几何方面的错觉（在大小、长度、面积、方向等方面产生的错觉）、运动错觉（物体运动起来后产生的视觉方面的错觉）、生理错觉（如色彩、光影、明度等方面产生的错觉）。

【作业步骤】 1. 4人为一小组，选择一个错视的生成方式，研究错视原理及图形的结构。
2. 鼓励将研究结果与具体的空间相结合，通过设计改变观者对空间的视觉体验。如在实际空间中操作有困难，可通过制作模型展示。
3. 以拍照、视频等多种方式进行记录。

学生作业示例：

方案一：虚实之间

原理简述：现实生活中，我们可以观察到一些利用透视规律在平面上制造三维空间幻觉的错视现象。在此方案中，设计者根据环境给予的条件，利用抽象的线条，在二维平面上营造三维氛围，并在特殊的视角下巧妙地与实际生活场景相融合，形成整体的错视觉体验。楼梯和上下楼梯的人都是既虚又实、亦真亦假（图4-3）。

电脑模拟图
软件：ENSCAPE

↑ 解密实拍图

← 错视实拍图

图4-3　虚实之间

方案二：动态错觉的研究

原理简述：本方案利用光栅动画产生动态错视觉。"光栅动画"又称为"莫尔条纹动画"（图4-4），是一种通过视觉暂留原理制作的动态视错觉结构。它可以通过匀速移动光栅板的方式依次露出动画多个帧的画面，经大脑知觉暂留串联起来成为一个流畅的动画。学术上的解释就是两根线或两个物体之间以恒定的角度和频率发生干涉从而产生的视觉效果。当大脑无法分辨这两条线或是两个物体时，就只能看到干涉的花纹，这种光学原理被称为莫尔条纹（图4-5）。观察者看到后，会产生静止的图像动起来的错觉。下面这个方案利用了光栅原理，借现实生活中电动门的自动开合，使光栅板与原始结构重合又分离，从而实现了动画的错觉现象。

动态视频链接

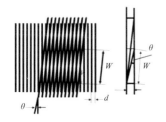

图4-4　莫尔条纹模拟

方案模拟

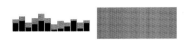

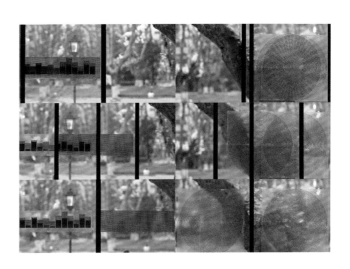

图4-5　动态错觉方案模拟　　　　动态视频链接

方案三：艾姆斯房间错觉

原理简述：这个错觉是属于大小恒常错觉的一种。图画的背景提供了深度尺度的暗示，错误的背景就会提供错误的参照从而使人产生错视觉。艾姆斯房间的后面的墙并没有与观察者平行，而是倾斜的，地板上按照一定规律变形的网格线掩饰了这种倾斜。在其中运动的物体或者人物并非一大一小或是高度（身高）发生变化，而是被网格线诱导产生了大小视觉变化而已。这个方案研究且复刻了这一空间，使得同等大小的卡通人看起来越来越小（图4-6）。

艾 姆 斯 房 间

The Ames Room

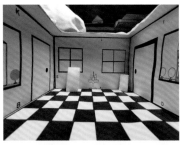

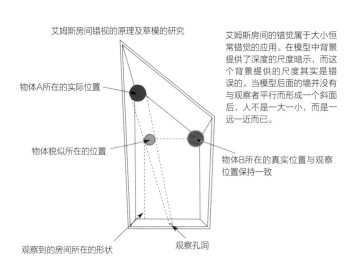

艾姆斯房间错视的原理及草模的研究

物体A所在的实际位置

物体貌似所在的位置

物体B所在的真实位置与观察位置保持一致

观察到的房间所在的形状

观察孔洞

艾姆斯房间的错觉属于大小恒常错觉的应用。在模型中背景提供了深度的尺度暗示，而这个背景提供的尺度其实是错误的。当模型后面的墙并没有与观察者平行而形成一斜面后，人不是一大一小，而是一远一近而已。

模型图纸

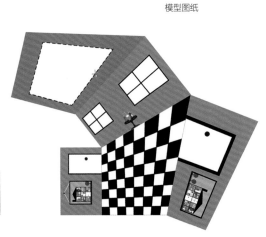

动态视频链接

相同尺度的小人模型在艾姆斯房间中呈现出大小方面的视错觉

图4-6 艾姆斯房间错觉1

方案四：空间深度的错视研究

原理简述：在一些关于空间深度的错视现象中，心里因素对于结果的判断影响很大。大脑的重要工作之一是对空间深度作推理，对于深度的解释取决于大脑的先验假设，即根据经验，通过物体的大小变化，黑白灰光影的组织模式来推理。由于大脑的这种"内建"的假设，所以人们会轻而易举地以自己先验知识来判定结果，而这个结果往往与现实使相反的。下面两个例子分别应用了光影和透视线的先验知识产生空间深度的错视。第一个设计是在凸起的石膏边角上利用光影面的组合产生凹陷感，看上去前面的小立方体是悬浮的。第二个设计利用了人们对于一点透视的知识和经验，通过透视线成功地将凸起的块面引导观察者看成凹陷的，向远处延伸的空间（图4-7、图4-8）。

说谎的眼睛
Eye Lies：Homework of Art & Media

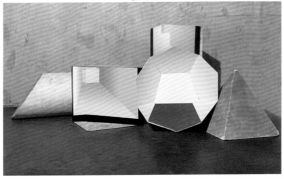

你的眼睛说：
浮空的小立方体
堆在角落的小立方体
被剖切的石膏体
正十二面体

说谎的眼睛
贴在石膏角的贴图
渲染的石膏表面
凹进去的一半正十二面体

初步尝试

凹面与凸面的效果对比

颜色渲染与凹面错觉

图4-7　空间深度错觉研究1

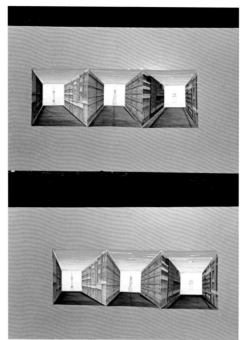
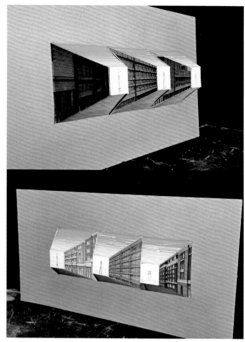

动态视频链接

图4-8　空间深度错觉2

课题三:

身体的庇护所——行为与空间的关系

【教学目的】这是一个关于"极限空间"的研究,是讨论人的行为动作与空间设计之间关系的问题。课题研究如何设计一个最经济、最节约的装置或空间,使之能包容人体的多种行为模式。人是一个可以运动的有机体,不同的行为动作占据不同的空间大小,而这些虚空间的体量要求正是建筑设计和室内设计需要考虑的重要因素。

【课题要求】1. 研究人的行为,记录动态行为所占据的空间形态及相关的功能尺度。

2. 根据记录的数据设计一个空间装置,使这个装置的造型与空间容量符合具体动作的要求。这个空间或装置应该是多功能的、节约化的,从而达到有效利用的目的。

3. 要注意尺寸的准确性、布置的合理性。

【作业步骤】1. 5~6人为一小组,选择一个研究方向共同设计。

2. 测量小组中一成员设计的结构尺寸和动态尺寸，以相机记录，并以此为设计参考。

3. 设计相关空间装置（也可以设计一个最小空间布置的方案），使之能满足一系列动态行为的要求。

4. 提交设计手册，包括设计说明、平面图、立面图、效果图、模型照片等。

【评价标准】 1. 尺度是否合理。

2. 装置所提供的空间是否最节约化且能满足人的多种行为需求。

3. 在满足最小尺度的前提下，要通过其他要素的调整使空间不令人感到压抑，满足人的心理空间的要求。

【课题拓展说明】

人体运动系统的各组成部分造就了人的空间形态。研究人体运动系统的生理特点与人的姿势、人体的功能尺寸和人体活动的空间是设计师和艺术家们长久以来感兴趣的话题。这个练习从研究人体运动姿势出发，由简单的围绕人体活动而设计的空间装置向多功能化的极限室内空间推进，使学生对人体运动系统与设计之间的关联有更深刻的了解（图4-9、图4-10）。

图4-9 研究动作和行为与空间形状和大小的关系

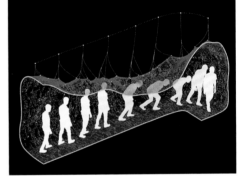

图4-10 身体动作占据的空间形态

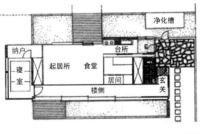

图4-11 清家清自宅设计

如同小动物一样，人类也需要类似于"窝"一样的合适尺度生活空间。在传统的日本建筑中就有"方丈"的概念，强调物尽其用。20世纪50年代，清家清就在自宅中展示了如何方丈的概念将转化到现代建筑中。家的功能全部放入5m×16m的盒子里，使主人可以在5分钟之内将家打扫完毕。

清家清教授也研究各种人体尺度，和柯布西耶不一样，他研究的模数是人的生活尺度，而不是粗放的建筑尺度（图4-11）。

学生作业示例：

方案一：躯壳的N次方

设计简述：设计从一个体块出发，挖去体块的内部，获得可以容纳一人或多人在内部运动的空间。在对人体动作进行观察记录和分析后，通过测量人体数据确定挖去的虚空间可以满足人的动作需求。设计以切片的形式叠加成体块感，使得阳光可以通过体块的缝隙，增加装置的通透性，以满足人心理上的需求（图4-12、图4-13）。

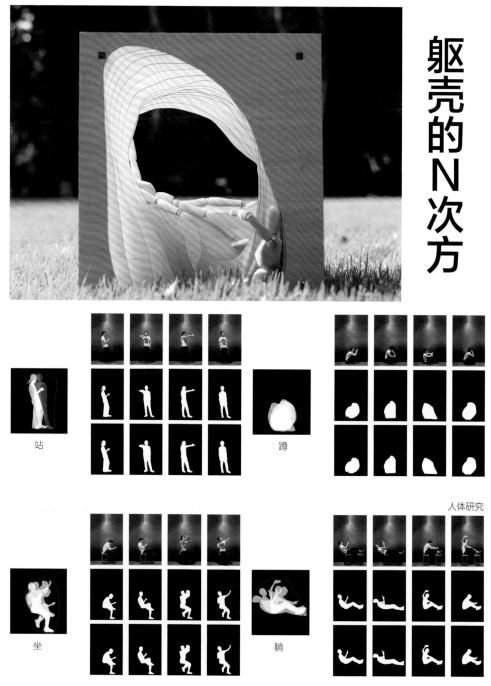

图4-12　人的身体与装置研究1

模特尺寸分析

选取小组内一位成员作为模特，通过分析其身高、肩宽、体宽、臂长、腿长，为方案的尺寸设计提供参考。

模特尺寸分析

通过模特的各项身体数据，确定方案中"体块"的长宽，以及进深。

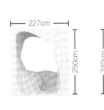

图4-13　人的身体与装置研究2

方案二：穿行与小憩

　　设计简述：设计者试图研究人可以用各种姿势去穿行的空间网格系统。这些水平与垂直的正交钢架构成的三维空间网格的设置及尺度的确定都是建立在对人体于其间穿行和小憩的各种行为需求之上的（图4-14）。

图4-14 穿行与小憩

方案三：蜗居

设计简述：这个设计力争在一个有限的空间内容纳人最多的行为活动。围合空间的体块在垂直放置和水平放置两种不同的状态下拥有两种不同的尺度组合方式，满足人不同的活动需求。半开放的空间使人出入更加方便（图4-15、图4-16）。

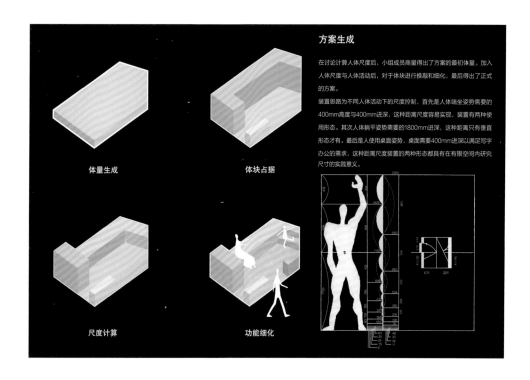

方案生成

在讨论计算人体尺度后，小组成员商量得出了方案的最初体量。加入人体尺度与人体活动后，对于体块进行推敲和细化，最后得出了正式的方案。

装置思路为不同人体活动下的尺度控制，首先是人体端坐姿势需要的400mm高度与400mm进深，这种距离尺度容易实现，装置有两种使用形态。其次人体躺平姿势需要的1800mm进深，这种距离只有垂直形态才有。最后是人使用桌面姿势，桌面需要400mm进深以满足写字办公的需求，这种距离尺度装置的两种形态都具有在有限空间内研究尺寸的实践意义。

体量生成　　　　体块占据

尺度计算　　　　功能细化

在垂直状态和水平状态下的不同使用方式分析

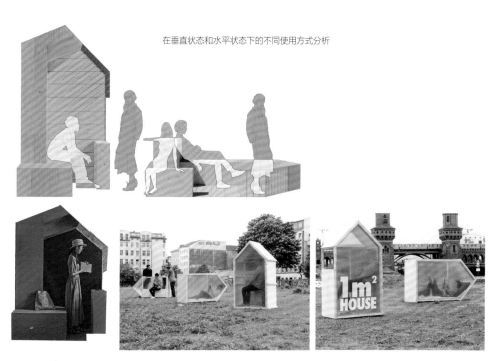

图4-15　蜗居1

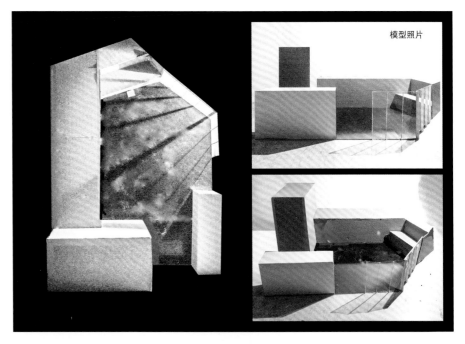

模型照片

垂直形态
活动一：坐姿

垂直形态
活动四：内通

垂直形态
活动三：共享

水平形态
活动二：共享

水平形态
活动一：共栖

两种状态下的不同使用方式

图4-16　蜗居2

方案四：我的立方

　　原理简述：在一些关于空间深度的错视现象中，人的心理因素对于结果的判断影响很大。大脑的重要工作之一是对空间深度作推理，对于深度的解释取决于大脑的先验假设，即根据经验，通过物体的大小变化、黑白灰光影的组织模式来推理。由于大脑的这种"内建"的假设，所以人们会轻而易举地以自己先验知识来判定结果，而这个结果往往与现实使相反的。下面两个例子分别应用了光影和透视线的先验知识产生空间深度的错视。第一个设计是在凸起的石膏边角上利用光影面的组合产生凹陷感，看上去前面的小立方体是悬浮的。第二个设计利用了人们对于一点透视的知识和经验，通过透视线成功地将凸起的块面引导观察者看成凹陷的，向远处延伸的空间（图4-17）。

我
的
立
方

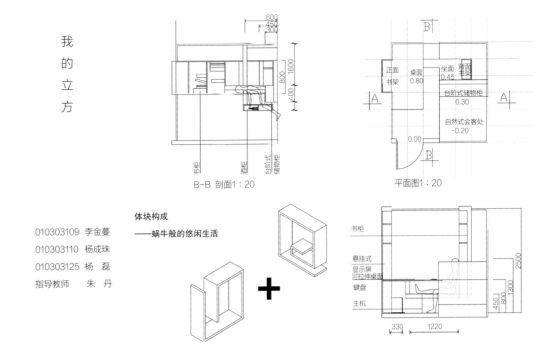

600
450
300

1600
800
-600

B-B 剖面1：20

B

正面 桌面
书架 0.80
坐面 背面
0.45 书架
台阶式储物柜
0.30
自然式会客处
-0.20
0.00

A A

B

平面图1：20

010303109 李金蔓
010303110 杨成珠
010303125 杨 磊
指导教师 朱 丹

体块构成
——蜗牛般的悠闲生活

+

书柜
悬挂式
显示屏
可拉伸桌面
键盘
主机

2500
1300
450
800

330 1220

设计说明
一个以网络为家的自由职业者的起居室和书房
起居空间：引入草地，提倡一种自然的生活方式
书房空间：构思来源于蜗牛的造型，暗示一种悠闲、自我的生活状态

400m×400m的网格

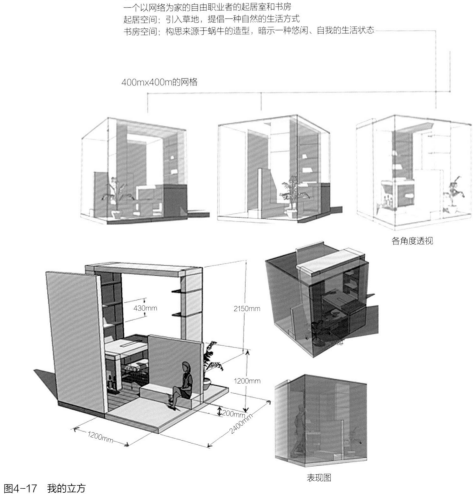

各角度透视

430mm

2150mm

1200mm

200mm
2400mm

1200mm

表现图

图4-17 我的立方

课题四：

移动的游牧部落——集装箱临时住宅

【教学目的】 集装箱临时住宅主要是应用在大型国际会议、展览、比赛（如奥运会、世博会等）期间为来自世界各地参观的人提供一个可供住宿、生活、交流的场所及设施。

在会议或活动结束后，这些设施都将被拆装或二次利用。因此，该课题的设计方向应确定为最小限度的临时性住宅。

【课题要求】 方案从集装箱的基本单元展开，我们要设计一个或一组利用率最高的，使用空间上最节约的住所，这个住所是可供6~8人在一定时间内集体生活的集装箱单元。这个集装箱至少应包括住宿空间、卫浴空间及餐饮空间。

设计要求：

1. 空间可容纳6人或8人共同居住。
2. 环境行为包括吃饭、洗浴、睡眠、交流等一系列活动。根据相关人体尺度数据合理安排空间，以达到空间的最有效利用。
3. 为了满足拆装和运输的需要，请在满足所有功能的前提下选择你能选择的最小的集装箱，以达到对空间的最有效利用。
4. 试想集装箱是可以四面打开的，每一单元因此具有更大的空间拓展可能性，所以建议在设计时研究折叠结构。

【作业要求】 1. 分组设计，综合利用测量数据的研究成果并以此为参考进行设计。
2. 从人的行为需求、行为模式方面研究空间大小、空间顺序、空间形状等，使有效空间组织最为合理。
3. 从人的心理方面研究色彩、采光、质感及旷奥度，使用时不应产生封闭感。
4. 应充分利用折叠结构，使空间在集装箱的基础上可以扩展。一个基本的思路是，将集装箱四壁打开，作为地面使用，在此基础上考虑设计一个轻巧易行的结构（如帐篷的支架结构）搭建空间。
5. 设计物可以围绕一个集装箱展开各种功能，或是一组有单一功能的集装箱的单元组合。
6. 在综合考虑以上各方面的前提下，空间设计最小、最节约。

【课题拓展说明】

1. 关于集装箱

废弃集装箱作为临时住所是一种绿色可持续发展的设计概念，目前在欧洲已出现一定数量的设计实践（图4-18～图4-20）。集装箱具有尺寸固定、拆装方便等优点，已越来越多地受到设计师的关注。集装箱的尺寸有以下几种：20英尺集装箱：外尺寸为6.1m×2.44m×2.59m（20ft×8ft×8ft6in）；内容积为5.69m×2.13m×2.18m。40英尺集装箱：外尺寸为12.2m×2.44m×2.59m（40ft×8ft×8ft6in）；内容积为11.8m×2.13m×2.18m。40英尺加高集装箱：外尺寸为12.2m×2.44m×2.9m（40ft×8ft×9ft6in）；内容积为11.8m×2.13m×2.72m。

图4-18 集装箱式彪马专营店位于意大利的那不勒斯，设计方案来自LOT-EK工作室。该彪马专营店共3层，面积超过11000m²，其中包括酒吧/休闲区和2个露台

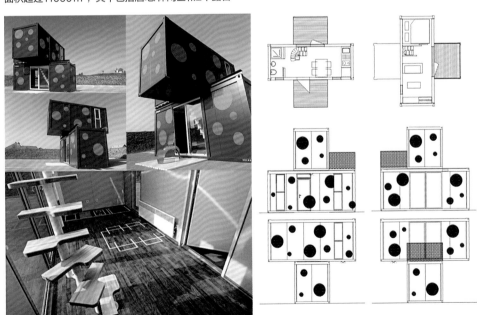

图4-19 集装箱个人住宅

图4-20　各种集装箱实验建筑

2. 关于折叠

折叠物品是一种使用时打开、储存时折叠的发明，它的最大优点就是节约空间、轻便宜搬运。折叠不会改变物体的体积，只是通过一个机械原理上可行的方式重新分配了体积。体积被重新分配后，占用了更少的实际空间。

折叠一般有以下几种形式。

（1）压缩型折叠：通过外力改变物体的外观大小，压缩是为了储存，展开是为了使用（图4-21）。

（2）折：这是最为常见的折叠类型，适用于一些柔软的物体（图4-22）。

（3）风箱型折叠：主要构成具有褶皱，成为可以伸缩的袋子（图4-23和图4-24）。

（4）组装：可以分散成零部件，使用时组合，储藏时拆开（图4-25）。

（5）卷：卷的物体可以重复展开或收拢（图4-26）。

（6）滑动：一些物品通过滑动来展开或收缩（图4-27）。

（7）套：套是一个群体概念，多个物体可以套装在一起，使占有的空间变小（图4-28）。

（8）扇形：具有中轴，使用时旋转打开（图4-29和图4-30）。

（9）手风琴状：产生多个或一个X或XXXXX形的连接，可以通过改变角度来伸缩（图4-31）。

（10）充气（图4-32和图4-33）。

（11）支撑型：类似于伞的内部结构，由三角形支架支撑后展开的折叠方式（图4-34）。

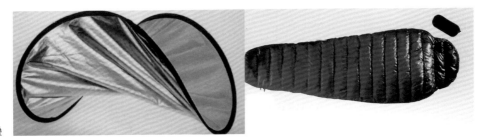

图4-21　压缩型折叠

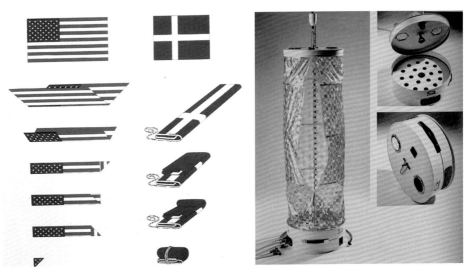

图4-22　折

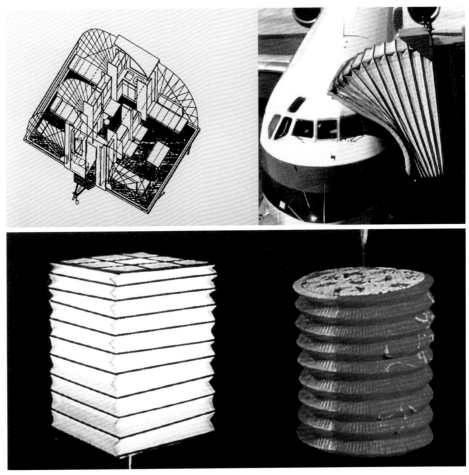

图4-23　风箱式折叠

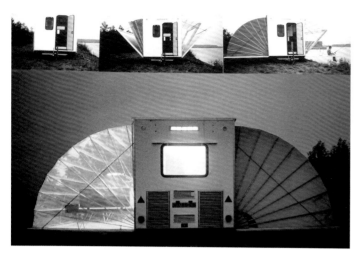

图4-24 风箱式折叠在集装箱住宅中的应用

图4-25 组装式折叠

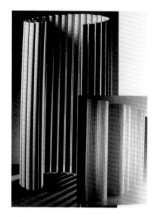

图4-26 卷

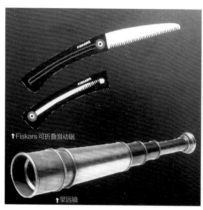

图4-27 滑动式折叠

图4-28 套的折叠方式

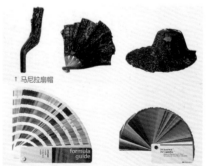

图4-29 扇形

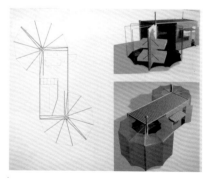

图4-30 扇形在集装箱上的应用

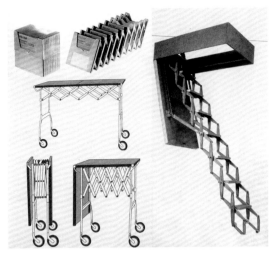

图4-31 手风琴状折叠

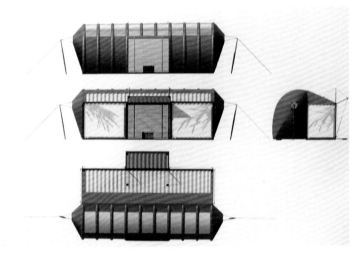

图4-32 充气结构在集装箱上的应用

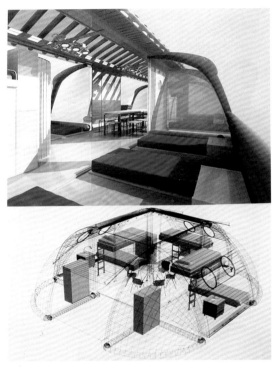

图4-33 充气结构在集装箱上的应用

图4-34 支撑型结构及支撑型结构在集装箱住宅中的应用

学生作业示例：

方案一：
步骤1：数据测量（图4-35、图4-36）

图4-35　生活尺度测量1

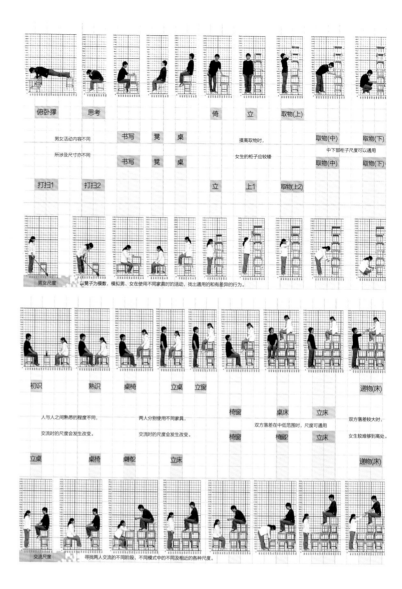

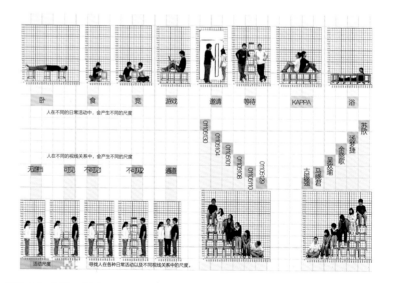

图4-36　生活尺度测量2

步骤2：concept 概念生成

中式庭院的时空秩序（图4-37）

儒家：礼

孔子说："为政以德，譬如北长，居其所，而众星拱之"，这种居中向心的空间秩序，其内涵是反映儒家思想的核心以及序位等级的"礼"。儒家注重环境的序列和内在秩序的思想，奠定了中国传统建筑理性精神的基础。

向心（图4-38）

主次空间尺度和形态不同。公共空间为核心，个人空间围绕公共空间布置。

图4-37 我国发现的最远古的天文图

图4-38 西安半坡聚落遗址

道家：自然无为（图4-39）

嵇康

"至人远鉴，归之自然，万物为一，四海同宅。"

刘伶

"我以天地为栋宇，屋念为恽衣。"注重建筑、庭院与自然空间的交流，其空间特征是空灵且渗透的。

通过内外渗透将自然空间导入院内，突破庭院空间的封闭。（图4-40）

图4-39 道家的太极八卦图表现了自然和渗透的思想

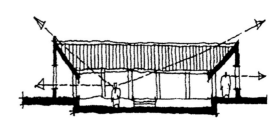

图4-40 内外渗透

步骤3: 人的行为模式分析（图4-41、图4-42）

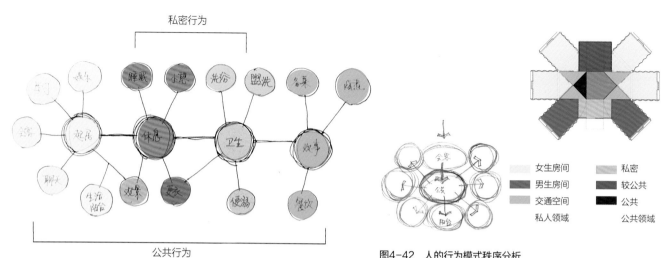

图4-41 人的行为模式类型分析

图4-42 人的行为模式秩序分析
根据群居者多方心理安排行为模式秩序，既保证每个人各自领域的私密度，又使公共领域比较开放。

步骤4: 设计分析（图4-43~图4-46）

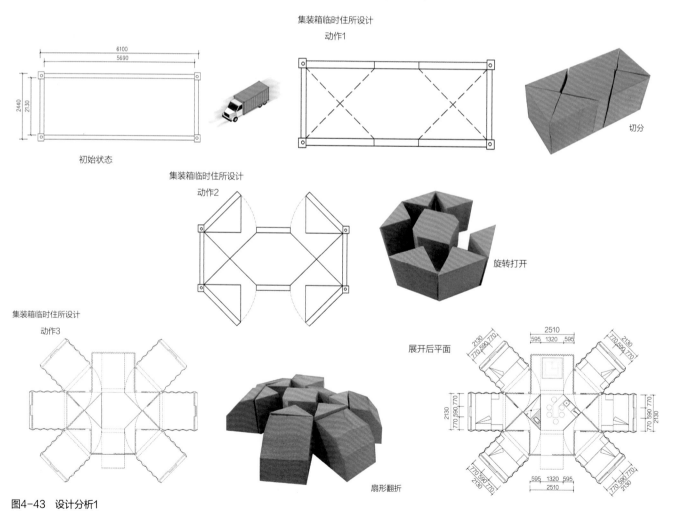

图4-43 设计分析1

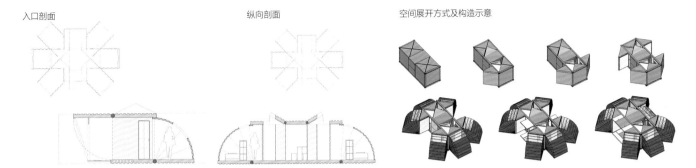

入口剖面　　　　　　　　　纵向剖面　　　　　　　　　空间展开方式及构造示意

图4-44　设计分析2

人的行为模式尺度分析

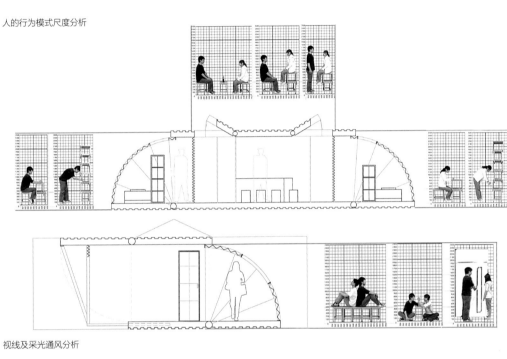

视线及采光通风分析

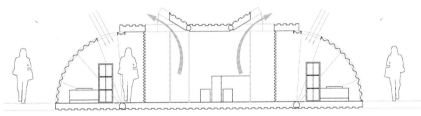

卧室部分，根据人的视线范围和对私密度的需求，在视线范围内采用不透明膜布，在顶部采用透明膜布，以满足室内采光和空间旷奥度。

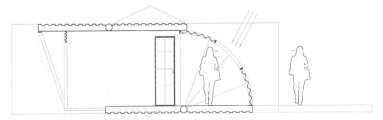

公共部分，在人的视线范围内采用透明膜布，以满足观景和交流的需求。

图4-45　设计分析3

使用方式1

当周围景观朝向良好时，公共平台可以对外打开，成为良好的观景台。

使用方式2

可以和其他游牧集装箱对接。

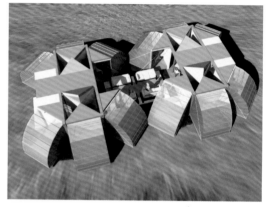

内部构造

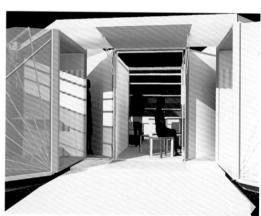

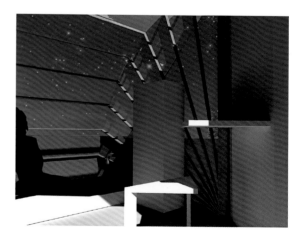

图4-46　设计分析4

方案二（图4-47~图4-49）：

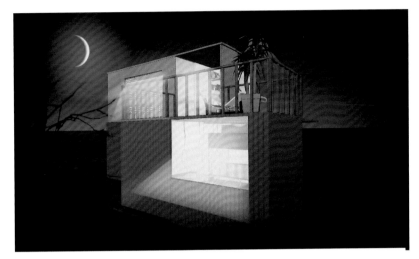

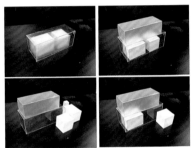

概念
设计方案将四个不同功能的方盒子植入最小的集装箱内，分别是休息室、厨房、洗浴和交流空间。
通过研究其围合面的打开、套叠方式和最适宜尺度，满足群体不同活动的需求。

过程

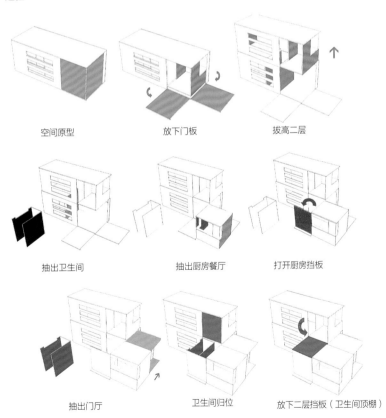

空间原型	放下门板	拔高二层
抽出卫生间	抽出厨房餐厅	打开厨房挡板
抽出门厅	卫生间归位	放下二层挡板（卫生间顶棚）

图4-47 方案二设计分析1

+1.200标高平面

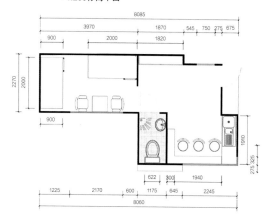

+2.500标高平面

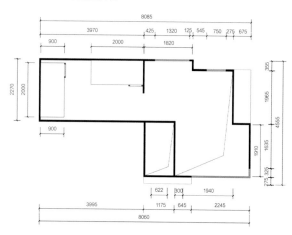

+3.400标高平面

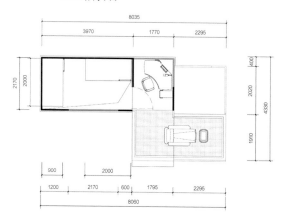

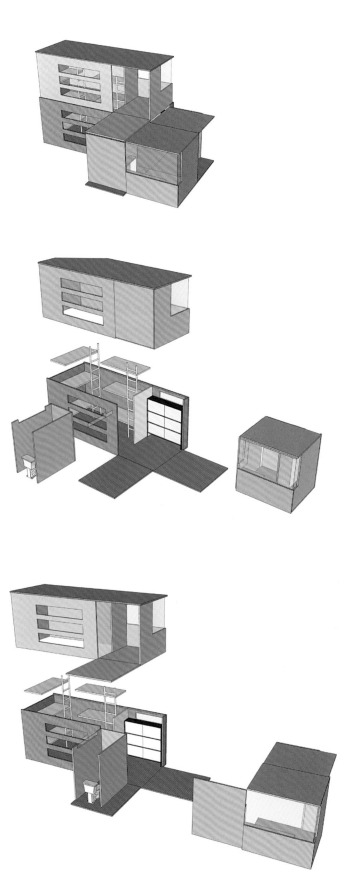

图4-48　方案二设计分析2

A-A剖面图

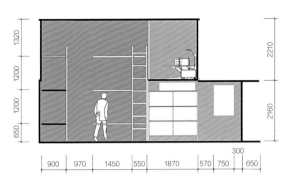

B-B剖面图

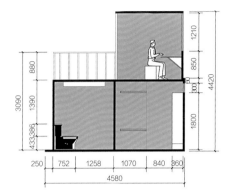

顶平面

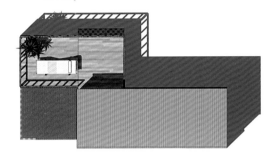

南立面

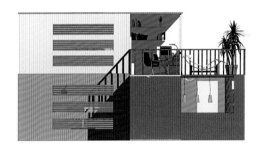

东立面

西立面

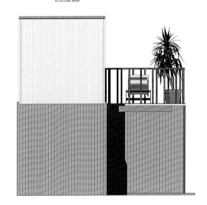

行为

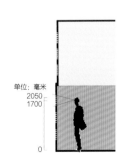

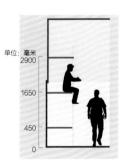

图4-49　方案二设计分析3

方案三（图4-50~图4-53）：

设计说明：通过对集装箱的切割和网架连接，实现集装箱空间大小的可变，满足人们白天和夜里的不同功能需求和空间尺度的需求。同时网架白天的拉伸和夜晚的压缩也有助于控制采光的增加和减少，与人工作和休息时所需光照的强弱相适应。

拉伸过程

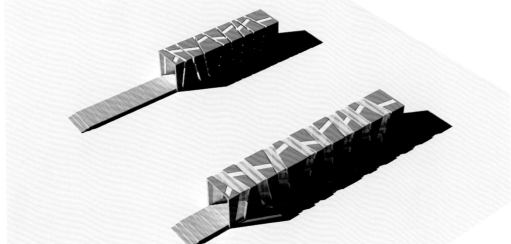

图4-50　方案三设计分析1

平面分析

活动范围

平面图

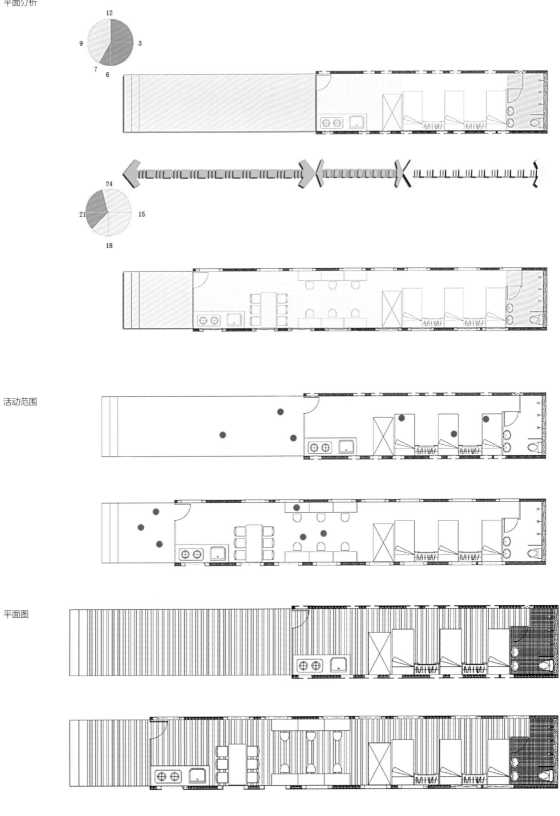

00.511.52

图4-51 方案三设计分析2

剖面图

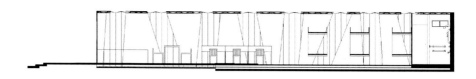

0 0.5 1 1.5 2

时间：2009年5月4日

地点：东南大学文昌11舍302室

人物：01105113徐 晨　　01105114张 伟　　01105115郝 骥　　012105116唐 伟

　　　01105117张 硕　　01105118康鹏飞　　01105132袁 靖

人体尺度测量

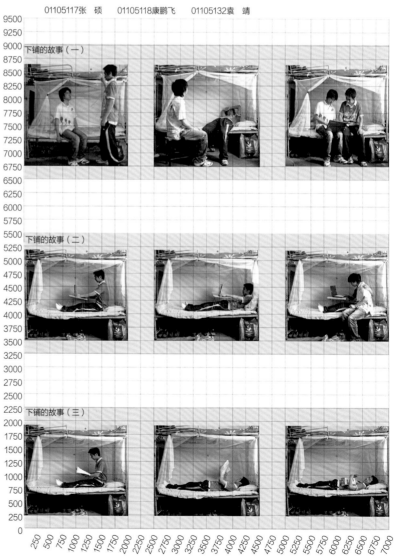

图4-52　方案三设计分析3

134

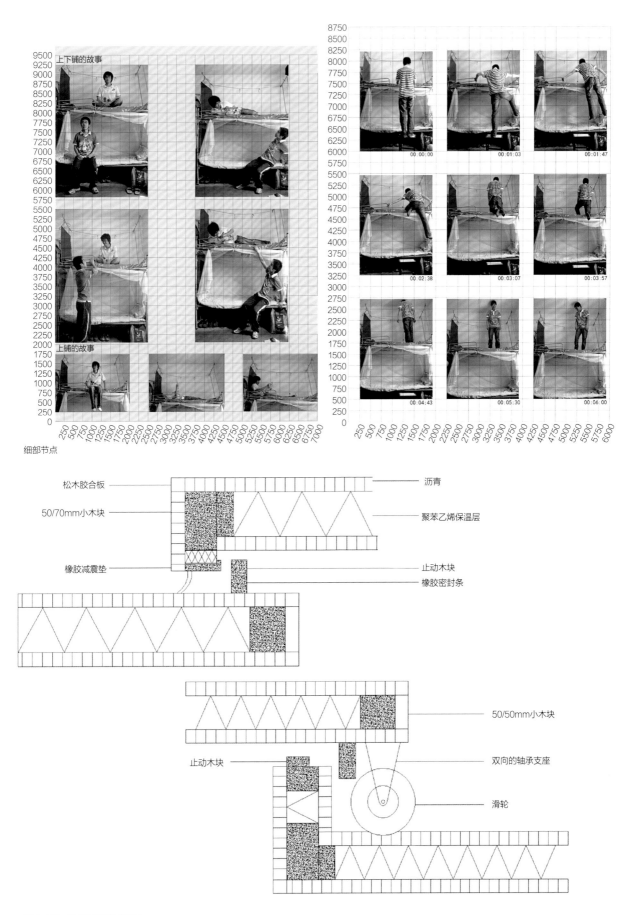

图4-53　方案三设计分析4

课题五：

城市俯视景观的视觉认知分析
——图像心理学研究

国家自然科学基金（青年科学基金项目　项目批准号：51208106）

【教学目的】每个城市几乎都有最具代表性的景观，它们是城市意象的集中反映，也是特定风貌与文化内涵的高度概括。根据观赏视角的差异，这些景观可以分为俯视、仰视与平视三种类型。随着中国城市化的发展，高层建筑大规模涌现，为所在城市迅速平添了多个可以在日常生活休闲中俯视城市景观的新视点，这使得俯视型城市景观的数量与质量需求急速提升。

本课题目的在于建构俯视型天际景观的视觉美学评价体系；通过评价要素与景观美学效果之间数字模型的设立与调试，尝试提出关于景观控制或建筑造型美感控制的若干视知觉审美标准与调适方案。

学生在此课题中将应用到人体工程学中关于美感知觉、审美评价、实验心理学评价方法、设计心理学研究方法等相关知识。

【课题要求】方案以南京为例展开，基于既定研究目标展开社会调查。调查范围以南京老城为中心，总面积约221平方公里，户籍人口约243万。在南京城市俯视景观公众问卷调查的基础上，经过问卷数据初步汇总分析，共得到2300个视线景观，其中1764个为公众推荐的较优视线，536个为较差视线。对具有广泛社会认可度的俯视城市景观视进行动态与静态图像拍摄，并对图像进行美学感知分析。问卷数据处理采用SPSS软件系统。

研究方法：

1. 社会调查法

    通过社会调查（问卷法、访谈法）掌握一手调研资料，较为真实地了解南京市民对俯视景观美感的认知特征，为下一步的图形分析建立可靠的数据基础。

2. 图形分析法

    对市民认可的图片进行视觉形态分析，如形状、色彩、韵律、质感等，从而寻找出控制形态美感的变量。

3. 数据定量分析

    归纳与概括出影响视觉美感知觉要素的变化规律，尝试定量化其范围，从而为实际设计提供数据支持。

【**作业要求**】 第一阶段：社会调查与实验心理学分析

1. 5人一组，共10组，分别对10组俯视景观图片进行社会访谈。主要目的：甄别出景观的美丑，记录市民对图片的真实感受，要尽量详细具体。

2. 关于被试人群的分类：按男女划分，5个年龄层，每小组必须完成10类被试人群的访谈（每位同学完成2份调查问卷）。

3. 数据汇总与分析。

第二阶段：图像视知觉美感分析

1. 形的感知：归纳图面形状的构成，如点、线、面的组合关系等；形态为三角、圆形、方形、有机形等以及这些形态引发的心理感受；图底关系分析；形的分析（节奏感、韵律感、图形的稳定性、形与形的对比等）。

2. 光色感知：冷暖、纯度、明度（灰度体系）等色系分析。

3. 力线分析：形与形之间的引力或排斥力。

4. 材质感知：材质地图。

第三阶段：深入研究

在上一个阶段调研的基础上，根据各小组的分类研究，选择1~2个视觉审美要素进行深入分析，尝试探讨美与不美的逻辑界限。

学生作业示例：

研究一：南京市俯视景观分析与控制——屋顶研究（图4-54~图4-60）

研究方式：

问卷调查

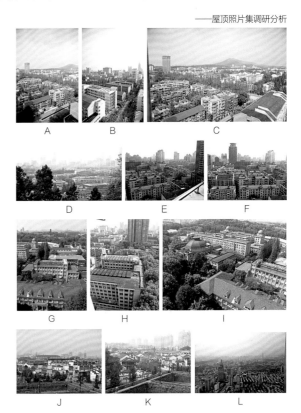

——屋顶照片集调研分析

图4-54　屋顶研究1

编号	名称	认为美的人数	原因	认为不美的人数	理由
A	解放门全景	6	优美起伏的湖岸线；层次丰富，视野开阔	1	色彩灰暗，不明亮，远景不清晰
B	九华山全景	3	自然景观丰富；构图有层次	2	无视觉中心；远景不清晰
C	幕府山全景1			3	施工现场，丛生杂草，混乱画面；无视觉中心；色彩灰暗，不明亮
D	幕府山全景2	2	1:1的构图比例，自然和景观各占一半	2	色彩灰暗，不明亮；无视觉中心
E	天安国际全景1	3	照片清晰；有视觉中心；具有象征意义，象征城市发展	8	无视觉焦点，混乱；色彩不协调；建筑密度大；没有景致变化
F	小桃园全景	6	自然环境丰富；构图好		
G	玄武饭店全景1			2	光线昏暗，色彩不明亮；远景不清晰
H	玄武饭店全景2	1	构图有层次		
I	阅江楼长江全景1	1	多样的图面构成元素，自然景观、建筑类型、建筑高度	2	古建筑和现代建筑不协调；建筑密度大
J	阅江楼长江全景2	1	构图美，道路、水面与江面构图	1	烟囱突出，不协调
K	长江大钱全景1	5	优美的远景，有层次；大桥直线和水面弧线组合有力度；视野开阔；中心景观突出	1	河水浑浊
L	紫峰全景	3	画面层次丰富，主次、远近结合；自然景观丰富	1	突出的高层破坏整体的协调

以G：逸夫馆（1）和I：逸夫馆（2）被人们普遍认为是"美"的照片。人们在判断一张照片是否"美"的时候，通常会通过左图所列的观点来进行判断：构图得当，有层次；自然景观丰富，树木植被较多；观看角度适宜，能看到全景屋顶；有序中适当变化。

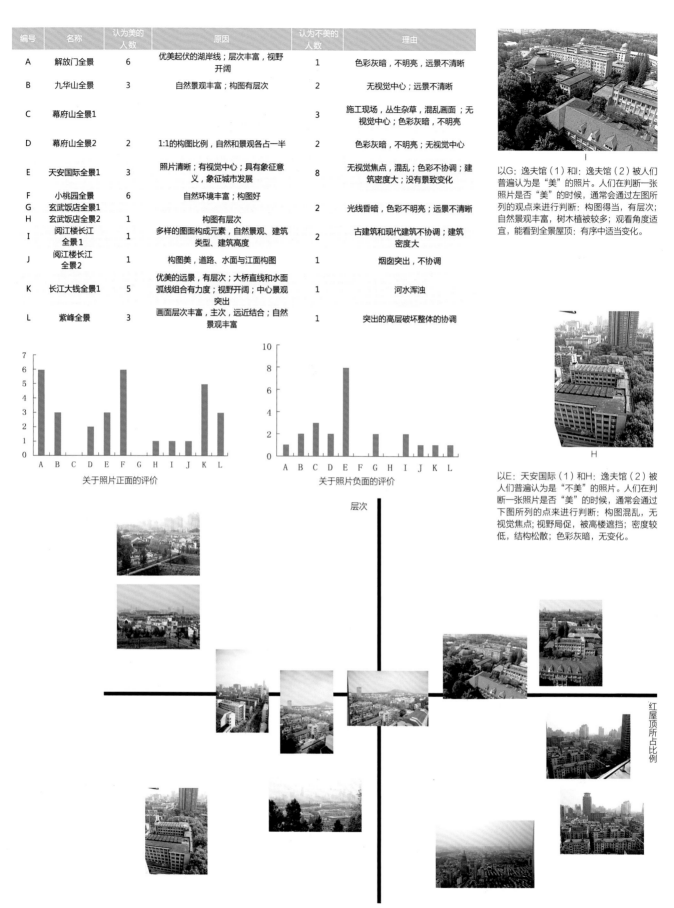

以E：天安国际（1）和H：逸夫馆（2）被人们普遍认为是"不美"的照片。人们在判断一张照片是否"美"的时候，通常会通过下图所列的点来进行判断：构图混乱，无视觉焦点；视野局促，被高楼遮挡；密度较低，结构松散；色彩灰暗，无变化。

关于照片正面的评价

关于照片负面的评价

层次

红屋顶所占比例

图4-55　屋顶研究2

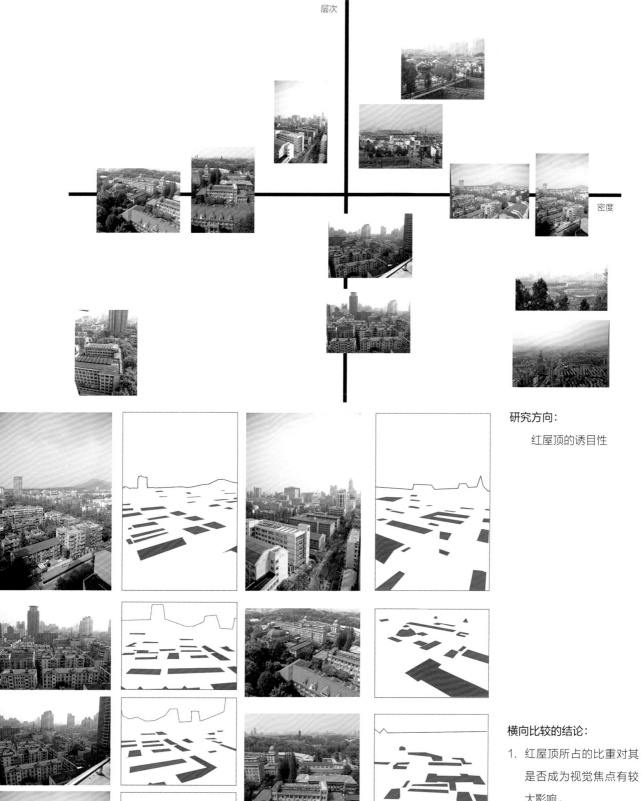

层次

密度

研究方向：

　红屋顶的诱目性

横向比较的结论：

1. 红屋顶所占的比重对其
　是否成为视觉焦点有较
　大影响。

2. 红屋顶所在画面的位置
　也会影响其聚焦性。

图4-56　屋顶研究3

研究方向：

屋顶的密度

——密度大小对视觉效果的影响

 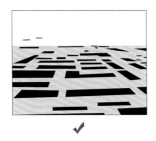 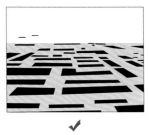

密度小 ◄——— 原图 ———► 密度大　　　✔　　　　　✔

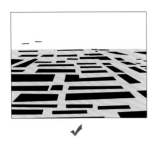  

✔

纵向比较的结论：

1. 研究密度大小的变化实质是研究实与虚的比例对视觉产生的影响。

2. 适中的密度会使虚与实之间产生节奏感。

3. 过大的密度显得生硬呆板，过小的密度显得画面松散。

研究方向：

屋顶的密度

——密度大小对视觉效果的影响

 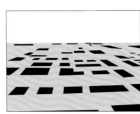 

✔

  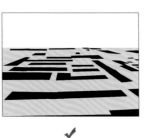

短边多 ◄——— 原图 ———► 长边多　　　✔　　　　　✔

✔

图4-57　屋顶研究4

纵向比较的结论：

1. 研究长短的变化实质是研究图形的韵律感对视觉产生的影响。

2. 适中的长短边比例会使画面显得松弛有度。

3. 长边过多会使画面紧张沉重，短边过多会使画面松散、无组织。

研究方向：
　　屋顶的排列

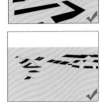

横向比较的结论：

1. 屋顶排列方式的整齐与否影响其视觉
　效果。
2. 大小不同的屋顶在图片中排列的平衡
　影响其视觉效果。

研究方向：
　　屋顶的排列
　　——排列方式对视觉效果的影响

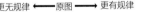
更无规律 ◄——— 原图 ———► 更有规律

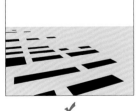

图4-58　屋顶研究5

纵向比较的结论：

1. 比较杂乱的层顶会引起人们的视觉
　反感。
2. 较有规律的排列方式会对提高整体画
　面的愉悦度。
3. 过于规整呆板的排列又会有一定的反
　作用。

 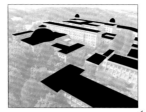 

研究方向：

屋顶的排列

——当屋顶排列方式不太规律时，屋顶大小排列的平衡感就成为影响画面愉悦度的一大因素。

大小差距小 ←—— 原图 ——→ 大小差距大 ✔

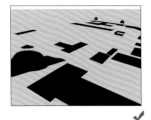  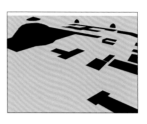

画面重心偏下 ✔ ←—— 原图 ——→ 画面重心偏上 ✔

纵向比较的结论：

1. 适中的平面大小差距会带来视觉感受的提升。

2. 较大的顶面位于图像上部（画面重心偏上）会导致人观赏中的不舒适感。

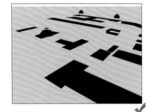  

重心少 ✔ ←—— 原图 ——→ 重心多

3. 对于本身排列就不太规律的屋顶，过多的大小变化（重心多）会导致人观赏中的不适感。

研究方向：

方向性

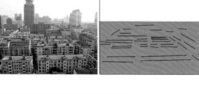
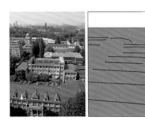
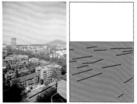

横向比较的结论：

1. 屋顶方向的角度影响其视觉效果。

2. 屋顶方向的明确与否影响其视觉效果。

图4-59　屋顶研究6

A

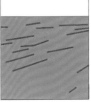

D

方向性——角度

将屋顶抽象为线条组

选取倾角不同的图片若干

A组：水平线条

B组：远景水平线条与近处稍呈倾
　　　角的线条，呈渐变

C组：线条倾斜程度增加，呈渐变

D组：主体线条倾角增大至30°左右

E组：倾角为15°～30°的大多数线
　　　条+局部倾角＞60°

F组：线条组倾角大，暗示竖直排
　　　列的趋势

B

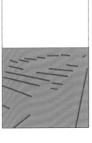

E

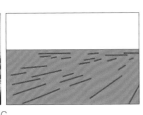

C

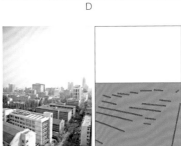

F

比较结果：

C、D、E具有较高的视觉愉悦度。

结论：

方向与水平/垂直方向略有倾斜的
构图较好。

图4-60　屋顶研究7

研究二：南京市俯视景观分析与控制—全景调研（图4-61~图4-72）

1 调研内容

1.1 调查无建筑学背景的普通人对特定角度拍摄的 调研背景 PART **A**
景观照片的喜爱程度及其原因，探讨人们对于美和丑的认知方式。

1.2 从节奏韵律的不同表现方式、屋顶形状和颜色等几个方面对照片进行研究，探讨逻辑思维中的美与丑的界限。

图4-61 全景调研1

南京市俯视景观调查——全景调研报告

144

2 调研结果

总体评价：通过Excel表格分析，我们发现，认为照片A、D、H美的人数最多，认为照片B、F、I、J不美的人数较多，同时公认的不美和美的照片呈现明显的互补状态。其他照片较为普通，既不会出彩也不会太差。

图片	美	不美	美的原因	不美的原因	美的要素	不美的要素
A	10	0	绿化多、疏密得当、构图有层次、视野宽广、有水、颜色鲜亮、对比强烈、有标志性、环境好、天际线漂亮		自然与城市共存、构图、清晰、轮廓（形状）、层次、构图、主题、色彩、视角	
B	1	4	色彩鲜明，造型新颖奇特	色彩造型尺度突兀笨重，图面缺乏过渡，构图撑得满、歪	色彩、轮廓（形状）	色彩、轮廓（形状）、构图、动感（力线）、层次
C	1	1	视野开阔，构图有层次	杂乱不协调	构图、层次、视角	构图
D	8	0	有沧桑感，像一条龙、弧线漂亮，有动感，构图匀称优美、绿化多、构图有层次、有标志性、有延伸感，视野开阔		主题、易于识别的简单几何体、构图、自然与城市共存、视角、透视、层次	
E	1	2	颜色好看、有对比	局部颜色突兀	色彩、层次	色彩
F	0	4		拥挤压抑、色彩单一、灰、构图差、无重点		层次、构图、主题、色彩、节奏韵律
G	3	1	色彩丰富协调、宽幅有特点、气势宏大、有现代化、错落有致、视野开阔、构图有层次	缺乏规则和秩序感	色彩、构图、视角、节奏有韵律、有层次	节奏韵律
H	6	1	有纹理、色彩多样、层顶形式多样	图面太乱	色彩、质感、轮廓（形状）	节奏韵律
I	1	4	视野开阔，构图有层次	灰、密，全是房子，要素单一，无重点	构图、视角、层次	色彩、节奏韵律、主题、层次
J	3	4	色彩布局好，房子被绿化包围，给人舒服与整齐感	布局造型随意，焦点不好看，构图差、无重点	色彩、自然与城市共存、节奏韵律、构图	构图、主题、视角
K	2	3	房子被绿化包围，给人舒服感	杂乱、无标志、无重点、灰、旧、前景太暗	自然与城市共存	色彩、主题、轮廓（形状）、层次
L	0	3		呆板生硬、杂乱、无重点、灰		色彩、节奏韵律、主题、层次

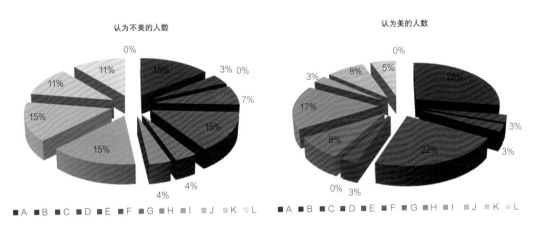

认为不美的人数 / 认为美的人数

■A ■B ■C ■D ■E ■F ■G ■H ■I ■J ■K ■L

认为美与不美的人数统计对比

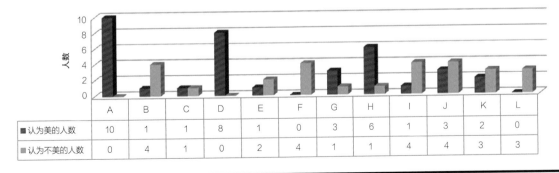

	A	B	C	D	E	F	G	H	I	J	K	L
■认为美的人数	10	1	1	8	1	0	3	6	1	3	2	0
■认为不美的人数	0	4	1	0	2	4	1	1	4	4	3	3

南京市俯视景观调查——全景调研报告

图4-62　全景调研2

3 调研方式

调研采用调查问卷的方式，通过调查5个不同年龄段（25岁以下、26到35、36、45、46到55和56岁以上）人群对本组图片内容的关注点以及视觉偏好，选出普通人心中最美的图片，并据此确定之后的研究方向和内容。

南京市俯视景观调查问卷

您好！
为优化南京城市形态了解市民对南京城市俯视景观的真实感受，开展此次调查。本次调查采取不记名方式，所有回答只用于统计分析，谢谢支持与合作。
俯视景观：类似"登高望远"，即在具备一定眺望高度、距离前提下看到的场景。

东南大学建筑学院
国家自然科学基金《南京城市俯视景观分析与控制》课题组

1. 在我们列出的图片中您认为比较美的有哪几张？（请勾选）

A □   B □   C □   D □   E □   F □

G □   H □   I □   J □   K □   L □

请简单地说明您喜欢的理由，谢谢！

_____

_____

_____

_____

2. 在我们列出的图片中您认为看上去不太理想的有哪几张？（请勾选）

A □   B □   C □   D □   E □   F □

G □   H □   I □   J □   K □   L □

请简单地说明您不喜欢的理由，谢谢！

_____

_____

_____

_____

3. 您的性别是：（ ）A. 男 B. 女
4. 您在南京连续居住的时间：（ ）A. 0.5年以内 B. 0.5-1年 C. 1-5年 D. 5年以上
5. 您的年龄是：（ ）A. 25岁以下 B. 26-35岁 C. 36-45岁 D. 46-55岁 E. 56岁以上
6. 您的文化程度是：（ ）A. 初中及初中以下 B. 高中 C. 专科及本科 D. 本科以上

客观型 ○   心理型 ○   联想型 ○   性格型 ○

调研人：_____；问卷编码：_____；时间：_____月_____日
调研地点：_____（街道）_____（场所）_____

A 南京站广场全景1   B 奥体全景2   C 白宫大酒店全景1   D 长江大桥全景2
E 鸡鸣寺全景   F 紫峰全景5   G 商贸全景1   H 逸夫馆全景1
I 紫峰全景2   J 阅江楼长江全景2   K 长江大钱全景1   L 紫峰全景

图4-63 全景调研3

4　调研结果

一张照片中的不同要素可以使图体现出"美"或者"不美"，通常会有以下几点：色彩、主题、构图、透视、层次、轮廓（形状）、质感、动感（力线）、节奏韵律、自然与城市共存、视角、清晰、易于识别的简单几何体等。

通过对调查数据的进一步整理和分析，我们总结出了本次调研下一步着重研究的工作方向：在渐变突变的排列基础上，从节奏韵律的不同表现方式、屋顶形状和颜色等几个方面对照片进行研究，对照片中的对象进行变化，以此来研究美的俯视图中各种因素的作用方式，探讨逻辑思维中美与丑的界限。

类别	使图美的张数	使图不美的张数
色彩	6	6
主题	2	5
构图	6	4
透视	1	0
层次	6	5
轮廓（形状）	3	2
质感	1	0
动感（力线）	0	1
节奏韵律	2	5
自然与城市共存	4	0
视角	5	1
清晰	1	0
易于识别的简单几何体	1	0

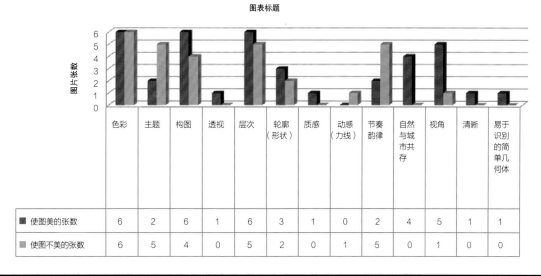

	色彩	主题	构图	透视	层次	轮廓（形状）	质感	动感（力线）	节奏韵律	自然与城市共存	视角	清晰	易于识别的简单几何体
■使图美的张数	6	2	6	1	6	3	1	0	2	4	5	1	1
■使图不美的张数	6	5	4	0	5	2	0	1	5	0	1	0	0

图4-64　全景调研4

南京市俯视景观调查——全景调研报告

第四章　课题设计与教学实践　147

（1）渐变突变。

　　在进行下一步更为细化的分析工作前，我们将问卷中的12张图片先以肌理突变渐变为初步量化标准直观地排布在一条纵向轴线中，再在这条轴线上加入透视感强弱、饱和度高低以及线条平行交叉感这三个不同方面的横向轴线，形成三个坐标轴，这种方式能够大致反映出一般审美倾向与我们所提取要素的关系。

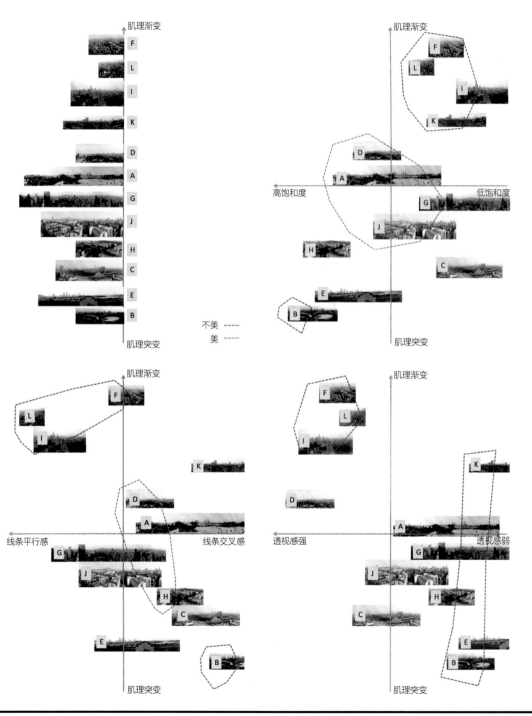

图4-65　全景调研5

（2）色彩过渡。

　　我们又将问卷中的12张图片先以色彩过渡生硬或平缓为初步量化标准直观地排布在一条纵向轴线中，再在这条轴线上加入透视感强弱、饱和度高低以及线条平行交叉感这三个不同方面的横向轴线，形成三个坐标轴。我们在此基础上需要对整个工作进行一次更为细致精确的量化，以尝试提出关于景观控制或建筑整体节奏控制的若干视觉、知觉审美标准与调适方案。

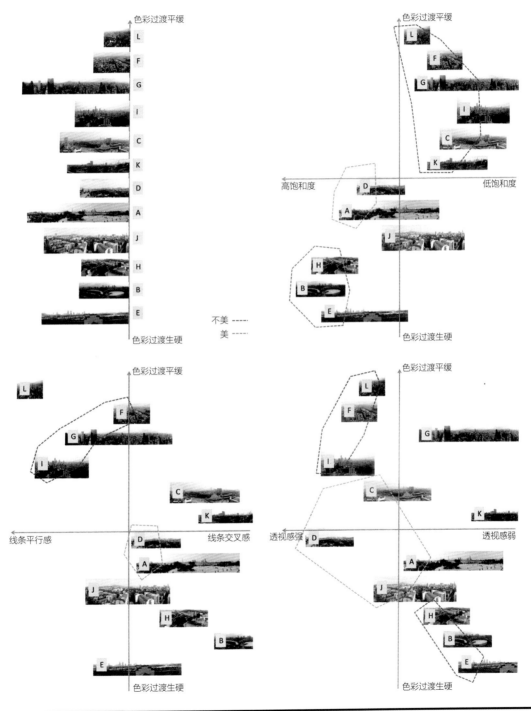

图4-66　全景调研6

1 节奏与韵律

1.1 研究目的

通过对全景G的抽象提炼，分析其中竖向主体要素的节奏韵律与构成规律。

G

1.2 研究准备

对图面进行抽象概括，提取竖向主体要素（建筑、道路等），略去模糊不清的面状形体，编号为0。

0

在此次课程作业中，本组着重对节奏韵律方向进行详细研究，在对城市全景图进行详细调研、观察和统计的基础上，对图像所呈现的密度、形状、大小、位置、色彩、透视感等进行抽象，继续两项研究工作：

1. 以两个参量作为控制，将图片进行排序，找出了"美"和"不美"的图片的参量范围；

2. 以典型图片的抽象图为样本，从特定角度，对图片进行等量渐变，研究不同参量下这张抽象图的"美丑"，找出了"美图"的范围。

最终，我们总结以上两项工作，发现好的城市全景图在节奏韵律上：

1. 画面需要有不同大小的变化，不能太平缓或跳跃，以显得单调；

2. 别一方面，画面变化的时候需要有一定的过渡，不能过于生硬，避免造成突兀感。

这一成果反馈到城市规划和建设上体现为：

1. 美的城市形态应该有重点，有疏密高低变化，给人以一种节奏韵律感；

2. 城市应该有适量的绿化，缓和变化的交界，让城市形态的过渡变得更为柔和。

图4-67 全景调研7

南京市俯视景观调查——全景调研报告

1.3 节奏&韵律——大小

1.3.1 研究主题

依据近大远小的透视原理，将基本形作大小序列的变化，给人以空间感和运动感。

1.3.2 工作方法

（1）将抽象出的图块按面积大小分成三个层及：a（大）、b（中）、c（小）；

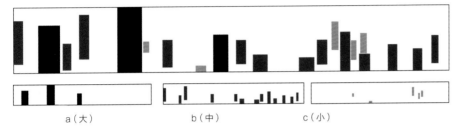

a（大）　　　　　b（中）　　　　c（小）

（2）所有体块位置不变，a级中的图块等比例扩大10×n%，同时c级中的图块等比例缩小10×n%（n=1~6，编号为n）；

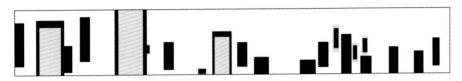

（3）所有体块位置不变，a级中的图块等比例缩小10×n%，同时c级中的图块等比例扩大10×n%（n=1~5，编号为-n）；

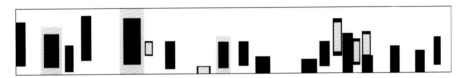

1.3.3 结果呈现

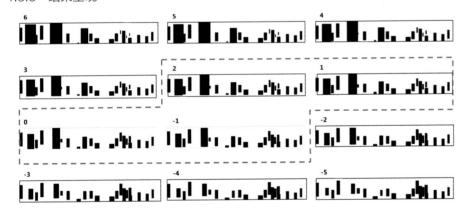

图4-68　全景调研7

1.3.4 分析对比

选取范围：当极端值变化比例在-10%~20%之间时，各图块形体间具有较好的比例关系，图面富有韵律感。

当图块面积中的极大值缩小极小值扩大时，形体间的比例差异逐步缩小，趋于单一均质，图面依然富有一定的节奏（以同一要素连续重复时所产生的运动感），但其中的秩序性则被削弱，韵律感（有规律变化的形象或色群间以数比、等比处理排列）丧失。

当图块面积中的极大值扩大极小值缩小时，形体间的比例差异趋于极端，一定程度后产生形体间裂变，重叠与脱节原有的数值规律被破坏，韵律感丧失。

1.4 节奏&韵律——间隔

1.4.1 研究主题

按一定比例渐次变化，产生不同的疏密关系，使画面呈现出明暗调子。

1.4.2 工作方法

（1）将抽象图案反转图底关系，按间隔宽度分成三个层级：a（大）、b（中）、c（小）；

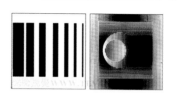

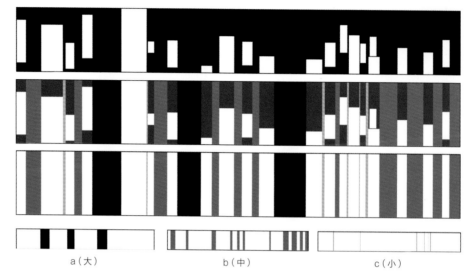

图4-69 全景调研8   a（大）   b（中）   c（小）

（2）所有体块大小不变，a级间隔横向增加（移动）$10 \times n$单位，同时c级间隔横向减少（移动）$10 \times n$单位（$n=1 \sim 3$，编号为n）；

（3）所有体块大小不变，a级间隔横向减少（移动）$10 \times n$单位，同时c级间隔横向增加（移动）$10 \times n$单位（$n=1 \sim 8$，编号为$-n$）；

1.4.3 结果呈现

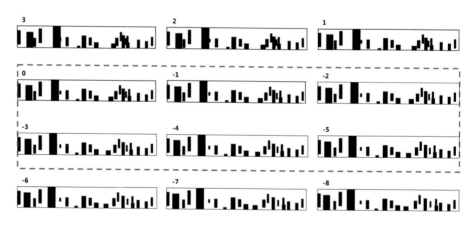

图4-70 全景调研9

1.4.4 分析对比

选取范围：当极端值变化比例在0~50%之间时，各图块形体间具有较好的比例关系，图面富有韵律感。

当间隔中的极大值缩小极小值扩大时，形体间的间隔差逐步缩小，相对位置趋于单一均衡，图面依然富有一定的节奏（以同一要素连续重复时所产生的运动感），但其中的疏密张力则被削弱，秩序性由大小间隔等多维度转变为单一维度。韵律感（有规律变化的形象或色群间以数比、等比处理排列）丧失。

当间隔中的极大值扩大极小值缩小时，形体间的间隔差趋于极端，一定程度后产生形体间重叠，原有的数值规律被破坏，韵律感丧失。

南京市俯视景观调查——全景调研报告

152

1.5　节奏&韵律——突变

1.5.1　研究主题

对突变值的位置变化进行研究分析。

1.5.2　工作方法

提取图块中的突变值，并在图面中均匀选取12个典型图块，分别与突变图块的位置交换（以中轴线为基准，从左至右分别编号为1～12）。

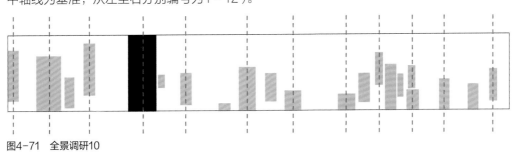

图4-71　全景调研10

1.5.3　结果呈现

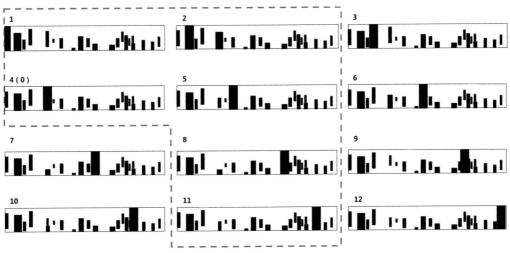

图4-72　全景调研11

1.5.4　分析对比

选取范围：当突变值位于图面左侧0～35%范围，及图面右侧65%～80%范围时，各图块形体间具有较好的比例关系，图面富有韵律感。

图1、图2、图4、图5中，突变值较好地融入了原有数值序列构成的规律中，"突变"意味着被削弱，更接近于"极值"的概念。形体变化间具有较好的连续性，此时突变值成为视觉重心，如同音乐中的高潮部分，引导着整个旋律的起伏层次。

图8和图11中，突变值相对于周边要素，在形体上显得较为突兀，割裂感明显。但巨大的体量与紧凑密集小体量之间的张力作用又显均衡，具有一定的渐变规律感；同时突变值与整个图面中的形体，位置也较为均衡，整体性较强。

以上结论主要针对于此图，具有一定的特殊性；但同时也体现了平面构成中的通用法则，如比例、重心（突变值在画面正中与两端均会造成形体失衡）等。

参考文献

[1] 刘盛璜. 人体工程学与室内设计[M]. 北京：中国建筑工业出版社，1997.

[2] 瓦伦丁. 美的实验心理学[M]. 周宪译. 北京：北京大学出版社，1991.

[3] （美）鲁道夫·阿恩海姆. 艺术的心理世界[M]. 周宪译. 北京：中国人民大学出版社，2003.

[4] （美）鲁道夫·阿恩海姆. 艺术与视知觉[M]. 孟沛欣译. 长沙：湖南美术出版社，2008.

[5] 赵江洪. 设计心理学[M]. 北京：北京理工大学出版社，2004.

[6] （荷）赫曼·赫茨伯格. 建筑学教程1：设计原理[M]. 仲德译. 天津：天津大学出版社，2008.

[7] （荷）赫曼·赫茨伯格. 建筑学教程2：空间与建筑师[M]. 刘大馨，古红缨译. 天津：天津大学出版社，2008.

[8] 腾守尧. 审美的心理描述[M]. 北京：中国社会科学出版社，1985.

[9] 李道增. 环境心理学概论[M]. 北京：清华大学出版社，1999.

[10] （英）肯特. 建筑心理学入门[M]. 谢立新译. 北京：中国建筑工业出版社，1988.

[11] 赫葆源，等. 实验心理学[M]. 北京：北京大学出版社，1983.

[12] 常怀生. 建筑环境心理学[M]. 北京：中国建筑工业出版社，1990.

[13] （美）弗兰克·麦克·安德鲁. 环境心理学（第2版）. 危芷芬译. 台湾：台湾五南出版社，2020.

教学资源（课件）